低热量、高营养

一年四季都能做的法式蜂蜜果酱

〔日〕矶部由美香　著

陈亚敏　译

河南科学技术出版社

·郑州·

目　录

本书中用到的计量单位：

本书中所标记的制作蜂蜜果酱原材料用量：1 大匙 =21g，1 小匙 =7g，1 杯 =286g（实际制作时会有少许误差，可根据实际用量进行调整。）

春
Spring

夏
Summer

秋
Autumn

冬
Winter

四 季
All seasons

蔬 菜
Vegetables

前言

蜂蜜果酱采用新鲜时令水果制作，添加蜂蜜，锁住营养

　　法式果酱是果酱中很受欢迎的一种。本书中所介绍的各种蜂蜜果酱也是法式果酱中的一种，均采用新鲜的时令水果添加蜂蜜熬煮而成。这种果酱果肉充足，要注意控制糖分，每样水果不可过多使用，而且要注意水果新鲜度，不要使用一些不新鲜、品相不好的水果。此外，本书所介绍的各种蜂蜜果酱都不适宜长期保存。

　　制作时，我很注重保留食材本身的香味和甜度。做好的果酱除了可以涂在面包上或者咸饼干上食用，也可用作料理的调味酱或者佐料，都会非常好吃。

矶部由美香

蜂蜜

低热量，营养丰富，风味独特。

据说在砂糖出现之前，果酱就是用蜂蜜制作而成的。古罗马时期的美食家曾在料理书中这样记载：黑布林、无花果、洋梨等水果加入蜂蜜熬煮后，可做成果酱。我正是读了这样的食谱，才开始有了属于自己的蜂蜜果酱制作工坊。

本书中介绍的各种蜂蜜果酱食谱制作时都不用砂糖，而用蜂蜜。因为蜂蜜虽味道香甜，但对食材的原汁原味不会产生影响，并且和各种水果都能搭配；虽比砂糖甜度高，但是热量低，而且富含矿物质、氨基酸等，适量食用后，不仅不会对身体造成负担，而且能很快转换成身体所需的能量，是大自然赐予我们的非常好的甜味调味品。

蜂蜜的香味、颜色、口味等会因酿蜜时花的种类不同而有所区别。即使同一种花酿出的蜂蜜也会因国家、地域等差异而不同。它也像红酒一样，随着储藏年份的增长，口味会改变，这也是让人期待的一个地方。这里比较推荐金合欢花或者荷花酿的蜜，透明度比较高，能够使水果保持自然本色。而栗子花蜜的颜色、口味都较浓，有着独特的香味和风味，这样的蜂蜜并不太适合制作蜂蜜果酱。

我制作的果酱一般采用百花蜜，就是很多种花蜜混合制作的，各种花香都融合在里面。和用一种花酿成的单花蜜相比，它有着不一般的浓度，和水果混合到一起做成蜂蜜果酱后，可做出各种意想不到的味道。

蜂蜜一般有三种。第一种是加了糖的蜂蜜，称为加糖蜂蜜；第二种是人工精制的精制蜂蜜；第三种是 100% 的蜂蜜，也就是所谓的纯蜂蜜。纯蜂蜜和前两种相比比较贵，但是香味纯正、营养丰富，这里还是推荐使用纯蜂蜜来制作蜂蜜果酱。

水果

注意甜味和酸味的均衡，不要错过时令水果。

我们 Tokotowa 商店的蜂蜜果酱被誉为"水果蜂蜜蜜饯"，是使用 100% 纯果肉，控制好甜度，制作而成的可直接食用的蜂蜜果酱。大块的果肉做成低糖果酱，不仅香味醇正，而且吃起来口感丰富、醇厚。

作为重要食材的水果，挑选过程是非常关键的。一般在超市水果架上挑选即可。但是如果想做出来的果酱更美味，那么就需要挑选时令水果制作了。

水果的成熟度对果酱的口味也有影响。比如草莓，完全成熟时，做成果酱即使没有甜调味料甜味也会特别突出，但是酸味不足。因此，有时使用不完全成熟的水果可能会更好。再比如红布林，做果酱时推荐使用完全成熟的甜红布林。因为红布林果肉甜而皮酸，所以制作果酱时需要考虑果肉和皮如何混合才好。另外，成熟的水果，比较容易去籽儿、去核。

另外，制作果酱时考虑甜味和酸味的均衡搭配非常关键。酸味不足时，可加入柠檬汁提升酸味；反之，酸味超量时，可添加甜口味的葡萄酒调味，这样一来，可最大限度保持水果本身的香味。

水果会因生长地域、培育方法、当年的气候等因素而味道不同。可以各种食谱为基础，制作时注意把握平衡。

稠糊状

制作成稠糊状时，注意保持食材本身的口感。

在一般市场出售的果酱成分表上，常会发现写着果胶、柠檬汁等。果胶是存在于植物中的一种成分，具备使糖分和酸在一定状态下经过加热而凝固的功能，做果酱时使用能令其呈稠糊状。柠檬汁也是一样，有助于把水果中富含的果胶提取出，也可用来上色或者方便保存。

当然，添加了这么多其他的东西后，食材就难免会失去本身的味道。所以，我在制作时，尽量不添加其他物质，而努力保持食材本身的风味。

比如像苹果这样果肉比较硬的水果，如果加热时间短，果肉不容易烂，而且糖分少，很难做出稠糊状，这时可切成薄片，加入果汁一起煮使果肉变软，煮不烂的部分做成果泥状，并且不断搅拌，这样一来，慢慢就成为稠糊状，果酱就做成了。其他的水果，切法或者加热时长不同，做成稠糊状的方法也会有所不同。可以参考各自食谱，尝试制作。

果胶少时，也不容易做成稠糊状，比如樱桃、日本梨等水果。另外，富含水分的西瓜、红布林等水果也不容易做成稠糊状，可添加少许琼脂。琼脂是从海藻中提取的一种多糖体，没有甜味，常温可保存，不会改变食材的口感，常用来勾成稠糊状。

一般多用果胶勾成稠糊状。但是市场出售的果胶在制作果酱时可能不容易做成稠糊状，这时可添加少量砂糖。砂糖量多时，做出来会有点甜。添加琼脂时，有必要提前混合，注意最低用量，尽量不要影响做出来的果酱的味道。

此外，制作时有时会用到柠檬汁。制作时添加少量的柠檬汁，做好的果酱口味会一天比一天醇厚。但是根据所用蜂蜜的不同，颜色可能会有改变。建议在享受等待的时光时，尽早食用更佳。

食材

来自大自然的食材，健康美味。

我们的法式蜂蜜果酱只使用水果和蜂蜜制作，注重挖掘食材本身的味道。作为食物，对身体健康也很有益。

关于蜂蜜，我们一般用阿根廷产的百花蜜。在阿根廷广袤的绿色大地上酿取的百花蜜，在进入国内之前经过多次严格检查。其实之前也使用日本的蜂蜜，但是随着日本蜜蜂的大量减少，蜂蜜的收成并不好，因其价格高涨而弃用。

关于各种水果，现在大多数果园都通过有机栽培或者无农药等循环种植法来培育各种水果。作为生吃的食物，它们和上市处理过的水果没什么差别，可以直接食用。有的尽管形状有点不好看，个别部位略有受损，仍然可以作为食材购买，稍微处理后即可使用。

保存

分开存放，蒸锅杀菌，脱气之后放进冰箱保存。

在 Tokotowa 商店，一般把蜂蜜果酱的制作工作委托给有机 JAS 工坊负责。尽管按照食谱，在家也可制作果酱，但是因为它含糖度低，不适合长期保存。因此，出售的食品，工坊都会在无菌状态下，进行一定程度的保存工作。

建议在家制作蜂蜜果酱时，尽可能分开装到经过杀菌消毒后的瓶子里冷藏保存。可把瓶子和盖子都放进蒸锅里，通过蒸汽消毒，更安全可靠。也可把盖子及其橡胶衬垫等一起杀菌消毒。如果做的果酱量不太多，建议使用酒精喷雾消毒容器即可。

密封保存的时候，把装有果酱的瓶子轻轻拧上盖子，蒸后脱气，再拧紧盖子，放进冰箱冷藏保存，至少可以保存一年左右，吃起来依然美味。因为一般保存容器的密封度都不是很好，盖子的地方多少都

会有些缝隙，所以才需要脱气处理。切记，即使脱气之后也一定要放冰箱冷藏保存。

　　食用的时候，即使含糖量高的果酱，如果用脏勺子或者带水滴的勺子挖取，也容易滋生细菌，一定要使用干净清洁的勺子取用。

制作小窍门

轻煮水果，保存其形状，注重果肉感。

　　不管使用什么水果制作果酱，要最大限度地发挥水果本身的口味、香味、口感，都需要短时间内加热完成。煮的时间过长，水果的口味、香味都变了，一定注意这些制作要点。

　　另外，根据火候及烹饪器皿不同，同样的水果、相同的火候，效果也会不同。为了能使水果整体煮透，建议提前少量试做。当水果的量增加时，加热时间也要随之增加，可边加热边确认水果的煮透程度。

　　接下来，买些时令水果，尝试制作一些蜂蜜果酱吧！

如何保存　

使用蒸锅，通过蒸汽杀菌、脱气时，瓶子或锅会比较热，建议使用隔热手套操作。

蒸锅

把瓶子和盖子放进蒸锅里蒸10分钟，拿出来之后用干燥的毛巾把瓶子口、盖子内侧都擦干。●把瓶子放入蒸锅时，注意蒸汽，防止烫伤。建议关一下火，放好之后再开火。●从蒸锅里把瓶子拿出来时建议戴手套，注意不要滑落了。橡胶手套遇热容易熔化，建议不要使用。●蒸汽杀菌不必使用大量热水，比煮沸消毒简单、方便。

当盖子与瓶子是一体时，无须分开，直接放进去杀菌消毒即可。

简易杀菌

简易杀菌时，可使用市售的酒精喷雾，直接喷到瓶子上，然后用厨房纸巾整体擦干。擦内侧时，如图所示，使用筷子进行。盖子用热水烫一下即可。

没有蒸锅时

没有蒸锅时，可使用稍深一点的大锅，底部倒扣一个有点深度的盘子，上面再放一个盘子作为内垫，就可以代替蒸锅使用了。

装瓶、保存 ▶

　　一般果酱瓶子都不是耐热玻璃，温差大时容易爆裂。将果酱装进蒸汽杀菌过的、市场出售的食品瓶子里时，如果瓶子较热，需要装尚有余热的果酱。

短期保存
（放在冰箱大概可保存一个月）

　　在果酱和杀菌后的瓶子都还残留余热时，把果酱装进去。注意，装到距瓶口 1cm 处即可，盖紧盖子。余热散去，即可密封结实了。最后再确认一下比较好。完全晾凉之后，放进冰箱里。

长期保存

（常温大概可保存半年，放在冰箱大概可保存一年）

1 和短期保存一样，装完果酱后，把盖子盖上（不是完全拧紧，拧至拿不掉的程度即可），然后放进冒有蒸汽的蒸锅里。蒸汽温度较高，放进去时建议暂时关火。蒸煮 15 ～ 20 分钟后关火，将果酱从蒸锅中取出，拧紧盖子，再放进蒸锅，加热 5 分钟左右即可。

2 如图，摆放在厨房抹布上晾凉。

3 把晾凉的瓶子放到有水的托盘上，如图所示从上浇水，直至瓶子完全晾凉。

以上加热时间，一般适用于容量 200g 左右的瓶子。如果使用容量超过 200g 的瓶子，加热时间需要延长 5 分钟左右。

● 注意
瓶子倒放时，也有杀菌作用。但是高温状态下内压比较高，瓶子一旦倒放，里面的东西有可能会漏出。

温差在 40℃以上，瓶子容易破碎。装完果酱后，不要立刻浇凉水。瓶子等属于易碎容器，要时刻注意，防止温差过大。

基本制作方法

制作蜂蜜果酱时，食材的处理尤为重要。

苹果蜂蜜果酱
材料
苹果（带皮） 2 个（1 个大约 270g）

蜂蜜 1½ 大匙（32g）
※ 水果种类不同，甜度不一。制作时，可根据水果种类来调节蜂蜜用量。

1 把 1¼ 个苹果进行 8 等分之后，切成厚 3 ~ 5mm 的片状。剩下的苹果磨碎，取其果汁（只使用果汁）。

2 把步骤 1 的果肉和蜂蜜放进小锅里，搅拌，然后放置 15 分钟左右。混合得差不多时，加入步骤 1 的果汁。

加热时间过长时，苹果的风味就会减少。为了缩短煮的时间，使食用时有果肉的口感，建议把苹果切成薄片。

和使用砂糖不一样，苹果不容易煮出水分，锅容易烧焦。可在制作果酱时加入果汁代替加水，避免使其原本的味道变淡。

3 用中火煮沸 3 分钟左右后，换成小火，边煮边搅拌。

4 再煮 6 分钟左右后，关火。确认其甜度。可根据个人喜好酌情添加蜂蜜。

5 再次用小火煮 2 分钟。

果肉比较硬的话，建议使用木铲子。软软的果肉建议使用硅胶类铲子。

蜂蜜容易煮煳，煮时一定要一边搅拌一边观察锅底。

添加蜂蜜时，按每次 1/3 大匙添加，比较好调整甜度。注意热时和晾凉时，甜味口感可能不太一样。

当果肉呈现透明状时，表明差不多可以关火了。如果煮得太过了，即使有果汁残留，也会很快被果肉吸收掉的。

如何处理富含水分的水果

像红布林这样富含水分的水果，为了更好地利用其水分，处理时需要格外注意。

充分利用水果果肉

富含水分的水果，需要充分利用其水分，甚至果皮。①为了不浪费果汁，操作时建议在小盆里进行。如果担心手指变黑，可戴上橡胶手套。②沿着纹路插入小刀，直至果核处，小刀转动一周，可把红布林切成两半。之后再去果核。③果核周围和果皮上残留的果肉，可用手处理掉。尤其使用果皮制作果酱时，更要保留好果皮。

提高琼脂利用率

琼脂属于从植物中萃取的亲水胶体，无色、无固定形状，主要从石花菜等海藻中提取。

琼脂本身是没有热量的，但是加入水中后，容易产生疙瘩，可以加入葡萄糖类后再使用。

根据琼脂的生产厂家不同，其稠糊程度以及搭配比例可能会不同。

琼脂的使用方法

砂糖和琼脂一定要提前混合。把琼脂撒上去，注意不要出现疙瘩。

倒入做好的果酱里，不要在同一个地方倒入，要均匀倒入，然后马上搅拌使其溶解。

关火后，看上去似乎黏稠度不够，但是晾凉之后就会凝固的。

春
Spring

草莓

　　提到果酱，最先想到的应该就是草莓果酱。使用新鲜的草莓做成的草莓果酱，吃起来真是美味至极。一到春天，带点酸味的小粒草莓就会上市，吃起来酸甜可口。草莓表面的粒状物，更是增加了脆脆的口感。使用比较甜的草莓制作果酱时，需要控制蜂蜜的用量。草莓展现了浆果类独特的美味，能让人感受到初夏的氛围，一股清爽的气息扑面而来。

草莓蜂蜜果酱

草莓（小粒草莓）——2 盒（净重 380g）　　蜂蜜 将近 2 大匙（约 39g）　　完成分量：250g

1. 草莓去蒂，大一点的草莓竖着切成两半。

2. 把步骤 1 中的食材放进小锅里，加入蜂蜜，搅拌，放置 15 分钟。

3. 用中火煮步骤 2 的食材，煮沸后，换成小火，边煮边搅拌。去除上面的浮沫。

4. 煮 8 分钟后，关火，尝一下味道。根据个人喜好，可酌情添加蜂蜜。

5. 用小火再煮 3 分钟。

> 不添加琼脂，口味会更清爽。

[食谱]

草莓白乳酪

　　把白乳酪放到面包上，浇上草莓蜂蜜果酱（分量、制作方法如上）和蜂蜜。烤面包上涂一层稍微凉的白乳酪后，因温差而有种不一样的口感。

　　白乳酪绵软的口感搭配酸甜可口的草莓蜂蜜果酱，再好不过了。

将草莓的酸味和菠萝的甜味融合在一起，再加入红葡萄酒，口感更加圆润。

草莓 + 菠萝 + 红葡萄酒

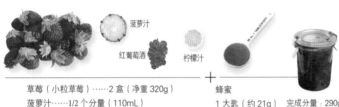

草莓（小粒草莓）······2 盒（净重 320g）
菠萝汁······1/2 个分量（110mL）
红葡萄酒〔西拉（Syrah）〕······将近 1⅓ 大匙（23mL）
柠檬汁······将近 1/2 小匙（2mL）
A   琼脂······1.7g
    砂糖······10g

蜂蜜
1 大匙（约 21g）   完成分量：290g

西拉是葡萄的一个品种。也可使用其他浓烈红葡萄酒代替。

● 事先准备：提前搅拌好食材 A。

1. 草莓去蒂，大一点的草莓竖着切成两半。

2. 菠萝去皮，把果肉切碎放进竹篮里，用木铲子摁压，挤出果汁。

3. 把步骤 1、2 的食材和蜂蜜混合倒入小锅里，用中火煮。

4. 煮沸后，换成小火，边煮边搅拌。去除上面的浮沫。

5. 煮 7 分钟后，加入红葡萄酒、柠檬汁，搅拌，关火，尝一下味道。根据个人喜好，可酌情添加蜂蜜。

6. 用小火再煮 2 分钟。

7. 关火，加入混合好的食材 A。为了使其完全溶解进去，搅拌的同时，再加热 1 分钟。

加入黄桃甜香酒，不仅口感浓香，而且色彩亮丽

草莓 + 柑橘 + 黄桃甜香酒

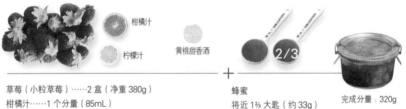

草莓（小粒草莓）······2 盒（净重 380g）
柑橘汁······1 个分量（85mL）
柠檬汁······1/2 小匙（2mL）
黄桃甜香酒（个人喜好）······1 大匙（15mL）
A   琼脂······1.8g
    砂糖······10g

蜂蜜
将近 1⅓ 大匙（约 33g）   完成分量：320g

〈添加琼脂的果酱〉
· 因为添加有砂糖和蜂蜜，所以考虑其甜度，需要控制琼脂的用量。
· 做好时可能有点稀。晾凉之后凝固了，就变成稠糊状了。

● 事先准备：提前搅拌好食材 A。

1. 草莓去蒂，大一点的草莓竖着切成两半。

2. 用榨汁机榨取柑橘汁。

3. 把步骤 1、2 的食材和蜂蜜、柠檬汁混合倒入小锅里，用中火煮。

4. 煮沸后，换成小火，边煮边搅拌。去除上面的浮沫。

5. 煮 9 分钟后，关火，尝一下味道。根据个人喜好，可酌情添加蜂蜜。

6. 用小火再煮 2 分钟。

7. 关火，加入混合好的食材 A。为了使其完全溶解进去，搅拌的同时，再加热 1 分钟。

8. 关火，最后根据个人喜好加入黄桃甜香酒，搅拌一下。

草莓+菠萝+红葡萄酒

草莓+浆果

草莓+柑橘+
黄桃甜香酒

浆果可使草莓的香味发挥得更好，黑加仑甜香酒
更能提升其口感

草莓+浆果

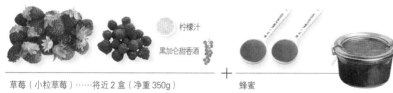

柠檬汁

黑加仑甜香酒

蜂蜜

草莓（小粒草莓）……将近 2 盒（净重 350g）
山莓（红果实）……100g
柠檬汁……将近 1/2 小匙（2mL）
黑加仑甜香酒……将近 2⅓ 小匙（12mL）

＋

蜂蜜
2 大匙（约 44g）

完成分量：360g

1. 草莓去蒂，大一点的草莓竖着切成两半。

2. 把步骤 1 的食材和山莓、蜂蜜放进小锅里，用中火煮。

3. 煮沸后，换成小火，边煮边搅拌。去除上面的浮沫。

4. 煮 7 分钟后，再加入柠檬汁搅拌，关火，尝一下味道。根据个人喜好，可酌情添加蜂蜜。

5. 用小火再煮 2 分钟。

6. 关火，最后加入黑加仑甜香酒，搅拌一下。

21

柑橘＋黄金奇异果

柑橘蜂蜜果酱

柑橘

橘子有好多种，甜度、酸度比较均衡的就是柑橘了。它和香味重的素材搭配到一起，口味非常和谐。柑橘皮也可制作果酱，咀嚼时的口感更好。北半球产的柑橘正是春天的应季水果。到了夏天，应季柑橘就只能在南半球见到了。

柑橘蜂蜜果酱

 +

柑橘……3 个分量的果肉（含橘络净重 300g）+ 1/2 个果汁（50mL）
柑橘皮……1 个分量（30g）

蜂蜜
1⅓ 大匙（约 29g）

完成分量：310g

● 事先准备：前一天去除柑橘皮苦味（参照第 42 页）。

1. 把柑橘果肉去除橘络和籽儿，横着切成 4 块。

2. 把橘络用厨房用剪刀剪成细丝。去除苦味后的柑橘皮也剪成细丝。

3. 用榨汁机榨取柑橘汁。

4. 把所有食材倒入小锅里，用中火煮。

5. 煮沸后，换成小火，边煮边搅拌。去除上面的浮沫。

6. 煮 5 分钟后，关火，尝一下味道。根据个人喜好，可酌情添加蜂蜜。

7. 用小火再煮 3 分钟。

黄金奇异果的甜味提升了这款果酱的清爽感

柑橘 + 黄金奇异果

 +

柑橘……3 个分量的果肉（含橘络净重 270g）+ 将近 1/2 个果汁（50mL）
黄金奇异果……1 个（净重 100g）

蜂蜜
2 小匙（约 15g）

完成分量：270g

● 事先准备：前一天去除柑橘皮苦味（参照第 42 页）。

1. 把柑橘果肉去除橘络和籽儿，横着切成 4 块。

2. 把橘络用厨房用剪刀剪成细丝。去除苦味后的柑橘皮也剪成细丝。

3. 用榨汁机榨取柑橘汁。

4. 黄金奇异果去皮，切成直径 8mm 的圆形，然后对切，再切成 4 等分。

5. 把所有食材倒入小锅里，用中火煮。

6. 煮沸后，换成小火，边煮边搅拌。去除上面的浮沫。

7. 煮 5 分钟后，关火，尝一下味道。根据个人喜好，可酌情添加蜂蜜。

8. 用小火再煮 3 分钟。

添加口味浓的红茶，做出的果酱有种柑橘茶的味道

柑橘＋格雷伯爵茶

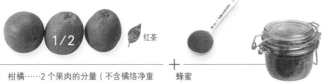

柑橘……2 个果肉的分量（不含橘络净重150g）＋ 1/2 个果汁（50mL）
煮过的红茶（格雷伯爵茶）……3/4 杯（150mL）
A 琼脂……1.8g
　砂糖……10g

蜂蜜
将近 1 大匙（约20g）　　完成分量：250g

● 事先准备 1：用 5g 格雷伯爵茶煮出 3/4 杯（150mL）浓格雷伯爵茶。

● 事先准备 2：提前搅拌好食材 A。

1. 把柑橘果肉去除橘络和籽儿，横着切成 4 块。

2. 用榨汁机榨取柑橘汁。

3. 把所有食材，除了食材 A，其他全部倒入小锅里，用中火煮。

4. 煮沸后，换成小火，边煮边搅拌。去除上面的浮沫。

5. 煮 6 分钟后，关火，尝一下味道。根据个人喜好，可酌情添加蜂蜜。

6. 用小火再煮 1 分钟。

7. 关火，加入混合好的食材 A。为了使其完全溶解进去，搅拌的同时，再加热 1 分钟。

〈添加琼脂的果酱〉
• 因为添加有砂糖和蜂蜜，所以考虑其甜度，需要控制琼脂的用量。
• 做好时可能有点稀。但是晾凉之后凝固了，就变成稠糊状了。

发挥果皮风味的新鲜橘皮果酱，做好时加入黑朗姆酒，更能提升其香味和醇厚的口感

黑朗姆酒＋新鲜柑橘皮果酱

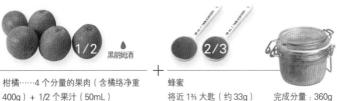

柑橘……4 个分量的果肉（含橘络净重400g）＋ 1/2 个果汁（50mL）
柑橘皮……1 个分量（37g）
黑朗姆酒……1 大匙（15mL）

蜂蜜
将近 1⅔ 大匙（约33g）　　完成分量：360g

● 事先准备：前一天去除柑橘皮苦味（参照第 42 页）。

1. 把柑橘果肉去除橘络和籽儿，横着切成 4 块。

2. 把橘络用厨房用剪刀剪成细丝。去除苦味的柑橘皮也剪成细丝。

3. 用榨汁机榨取柑橘汁。

4. 把步骤 1、2、3 的食材和蜂蜜混合倒入小锅里，用中火煮。

5. 煮沸后，换成小火，边煮边搅拌。去除上面的浮沫。

6. 煮 6 分钟后，关火，尝一下味道。根据个人喜好，可酌情添加蜂蜜。

7. 用小火再煮 2 分钟。

8. 关火，最后加入黑朗姆酒，搅拌。

柑橘＋格雷伯爵茶

黑朗姆酒＋新鲜柑橘皮果酱

25

白心葡萄柚蜂蜜果酱

红心葡萄柚蜂蜜果酱

26

葡萄柚

葡萄柚的魅力在于清爽的酸味和充足的果汁。美国的佛罗里达州、加利福尼亚州盛产这种风味的葡萄柚。红心葡萄柚比白心葡萄柚稍甜，加入柠檬汁后，更提升了其清爽的口感。

白心葡萄柚蜂蜜果酱

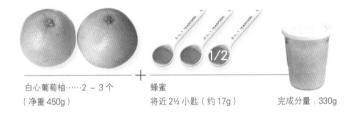

白心葡萄柚⋯⋯2 ~ 3 个　　　　+　蜂蜜　　　　　　　　　　　完成分量：330g
（净重450g）　　　　　　　　　　将近 2½ 小匙（约 17g）

1. 葡萄柚去除柚络，保留果肉。只除去两边的柚络，果皮还保留着，然后切成 4 块。

2. 把所有食材倒入小锅里搅拌，用中火煮。煮沸后，换成小火，边煮边搅拌。

3. 煮 5 分钟后，关火，尝一下味道。根据个人喜好，可酌情添加蜂蜜。

4. 用小火再煮 2 分钟。

红心葡萄柚蜂蜜果酱

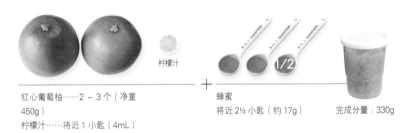

柠檬汁

红心葡萄柚⋯⋯2 ~ 3 个（净重　　+　蜂蜜　　　　　　　　　　　完成分量：330g
450g）　　　　　　　　　　　　　　将近 2½ 小匙（约 17g）
柠檬汁⋯⋯将近 1 小匙（4mL）

1. 葡萄柚去除柚络，保留果肉。只除去两边的柚络，果皮还保留着，然后切成 4 块。

2. 把步骤 1 的食材和蜂蜜倒入小锅里搅拌，用中火煮。煮沸后，换成小火，边煮边搅拌。

3. 煮 5 分钟后，加入柠檬汁，搅拌后，关火，尝一下味道。根据个人喜好，可酌情添加蜂蜜。

4. 用小火再煮 2 分钟。

柑橘类水果的清爽与甜味，搭配青柠的香味

红心葡萄柚 + 柑橘类水果

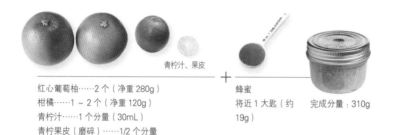

青柠汁、果皮

红心葡萄柚……2 个（净重 280g）
柑橘……1 ~ 2 个（净重 120g）
青柠汁……1 个分量（30mL）
青柠果皮（磨碎）……1/2 个分量

+

蜂蜜
将近 1 大匙（约
19g）

完成分量：310g

1. 葡萄柚去除柚络，保留果肉。只除去两边的柚络，果皮还保留着，然后切成 4 块。

2. 把青柠果皮用水果分级机磨碎。去皮后的青柠切成两半，用榨汁机榨取果汁。

3. 把除了青柠果皮以外的食材全部倒入小锅里搅拌，用中火煮。煮沸后，换成小火，
   边煮边搅拌。

4. 煮 5 分钟后，关火，尝一下味道。根据个人喜好，可酌情添加蜂蜜。

5. 用小火再煮 3 分钟。

6. 关火，最后加入青柠果皮，搅拌。

> 青柠果皮中白色的部分略带苦
> 味，可将表面绿色的部分磨碎使
> 用。没有水果分级机时，可使用
> 奶酪磨碎器或者萝卜磨碎器之
> 类将其磨碎。

清爽的酸味搭配菠萝的甜味，融合在一起

白心葡萄柚 + 菠萝

1/2

白心葡萄柚……1 ~ 2 个（净
重 220g）
菠萝……1/2 个

+

2/3

蜂蜜
1⅓ 小匙（约 12g）

完成分量：220g

1. 葡萄柚去除柚络，保留果肉。只除去两
   边的柚络，果皮还保留着，然后切成 4 块。

2. 把半个菠萝中 80g 的果肉切成 5mm 厚
   的薄片。剩下的果肉切碎，放进竹篮里，
   用木铲子摁压，挤出果汁。

3. 把所有食材倒入小锅里搅拌，用中火煮。
   煮沸后，换成小火，边煮边搅拌。

4. 煮 6 分钟后，关火，尝一下味道。根据
   个人喜好，可酌情添加蜂蜜。

5. 用小火再煮 2 分钟。

红心葡萄柚＋柑橘类水果

白心葡萄柚＋菠萝

夏橘

夏橘属于有一定历史的柑橘类水果，初夏正好是它的食用季节，因此叫作"夏橘"。刚结的果实比较酸，等完全成熟，收获之后再放置一段时间，酸味变淡再食用比较好。

夏橘蜂蜜果酱

柠檬汁

 ＋

夏橘……3 个（净重 400g）
柠檬汁……1 大匙（15mL）
A　琼脂……1.8g
　　砂糖……10g

蜂蜜
1½ 大匙（约 32g）　　　完成分量：350g

●事先准备：提前搅拌好食材 A。

1. 把夏橘去除橘络，果肉横着切成 4 块。

2. 把步骤 1 的食材和蜂蜜混合倒入小锅里，用中火煮。煮沸后，换成小火。

3. 煮 6 分钟后，加入柠檬汁搅拌，关火，尝一下味道。根据个人喜好，可酌情添加蜂蜜。

4. 用小火再煮 1 分钟。

5. 关火，加入混合好的食材 A。为了使其完全溶解进去，搅拌的同时，再加热 1 分钟。

〈添加琼脂的果酱〉

· 因为添加有砂糖和蜂蜜，所以考虑其甜度，需要控制琼脂的用量。

· 做好时可能有点稀。琼凉之后凝固了，就变成稠糊状了。

夏橘的酸味和葡萄干的甜味形成鲜明的对比，搭配白朗姆酒馥郁的香气

夏橘+白朗姆酒+葡萄干

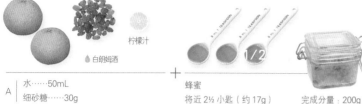

A
水……50mL
细砂糖……30g
白朗姆酒……糖浆的 1/2 分量
无核葡萄干（干燥、无油层外衣）……50g

夏橘……1 ~ 2 个（净重 250g）
柠檬汁……2 小匙（10mL）
B
琼脂……1g
砂糖……10g

蜂蜜
将近 2½ 小匙（约 17g） 完成分量：200g

● 事先准备 1：前一天制作白朗姆酒葡萄干。

①把 A 倒入小锅里，开火煮使砂糖溶化制作糖浆。溶化后马上关火，放置一段时间使其完全晾凉。

②把步骤①的一半和白朗姆酒混合。

③在另外一个容器里放入葡萄干，把步骤②的食材浇上去，浸泡一晚（使葡萄干处于完全湿润的状态）。

④做好的白朗姆酒葡萄干只使用 30g。

● 事先准备 2：提前搅拌好食材 B。

1. 把夏橘去除橘络，果肉横着切成 4 块。

2. 把步骤 1 的食材和蜂蜜混合倒入小锅里，用中火煮。煮沸后，换成小火，边煮边搅拌。去除上面的浮沫。

3. 煮 5 分钟后，加入柠檬汁搅拌，关火，尝一下味道。根据个人喜好，可酌情添加蜂蜜。

4. 用小火再煮 1 分钟。

5. 关火，加入混合好的食材 B。为了使其完全溶解进去，搅拌的同时，再加热 1 分钟。

6. 关火，最后加入前一天做好的白朗姆酒葡萄干搅拌。

甘夏蜂蜜果酱

日向夏蜂蜜果酱

甘夏、日向夏

甘夏和夏橘一样，都是有着很长历史的柑橘类水果。从春天到初夏，它都有着清爽的酸味和甜味。宫崎县原产的日向夏更是一种口味清淡的柑橘类水果，果肉纤细，甜度适中，酸味刚刚好。

甘夏蜂蜜果酱

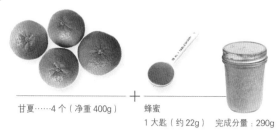

甘夏……4 个（净重 400g）　＋　蜂蜜
1 大匙（约 22g）　完成分量：290g

1. 把甘夏去除橘络，保留果肉。只除去两边的橘络，保留果皮，然后横着切成 4 块。
2. 把所有的食材全部倒入小锅里搅拌，用中火煮。煮沸后，换成小火，边煮边搅拌。
3. 煮 5 分钟后，关火，尝一下味道。根据个人喜好，可酌情添加蜂蜜。
4. 用小火再煮 2 分钟。

日向夏蜂蜜果酱

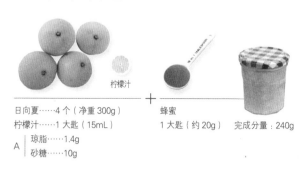

柠檬汁

日向夏……4 个（净重 300g）
柠檬汁……1 大匙（15mL）
A ｜ 琼脂……1.4g
　｜ 砂糖……10g

＋

蜂蜜
1 大匙（约 20g）　完成分量：240g

〈添加琼脂的果酱〉
・因为添加有砂糖和蜂蜜，所以考虑其甜度，需要控制琼脂的用量。
・做好时可能有点稀。但是琼凉之后凝固了，就变成稠糊状了。

● 事先准备：提前搅拌好食材 A。

1. 日向夏只除去两边的橘络，保留果皮，然后横着切成 4 块。
2. 把步骤 1 的食材和蜂蜜倒入小锅里搅拌，用中火煮。煮沸后，换成小火，边煮边搅拌。
3. 煮 5 分钟后，加入柠檬汁搅拌，关火，尝一下味道。根据个人喜好，可酌情添加蜂蜜。
4. 用小火再煮 2 分钟。
5. 关火，加入混合好的食材 A。为了使其完全溶解进去，搅拌的同时，再加热 1 分钟。

甘夏果皮

甘夏外皮（去除橘络）……2～3个分量（净重
130g）
水……和外皮煮过的重量一样
砂糖……外皮煮过重量的70%（约110g）
细砂糖……适量

● 事先准备：前一日去除果皮的苦味（参照第42页，需要把
　 除去橘络的外皮切成7～8mm的细丝状）。

1. 把事先准备好的果皮洗过之后煮一下。煮沸后再煮15分钟，
　 捞到竹篮里，去除水分。

2. 称一下去除水分后的果皮重量。然后加入相同重量的水和
　 70%重量的砂糖，再次煮一下。

3. 煮沸后换成小火，去除上面的浮沫，煮至水分几乎没有。

4. 把步骤3的食材晾一下，消除余热。

5. 把步骤4的食材摆放到铺有烘焙用纸的网上，注意不要粘
　 到一起，在室内晾2天。

6. 从烘焙用纸上取下晾干的果皮，裹上细砂糖即可。

> 当水分蒸发后，表面有光泽，在有点黏黏的
> 状态下，裹上细砂糖。如果晾得太干了，就
> 裹不上细砂糖了。

日向夏果皮橘络

日向夏果皮橘络……2～3个分量（净重120g）
水……和果皮橘络煮过的重量一样
砂糖……果皮橘络煮过重量的80%（约160g）
细砂糖……适量

● 事先准备：把橘络从果肉上取下来：

　 ①用水果分级机把日向夏外皮的黄
　 　 色部分取下来。

　 ②把步骤①的食材竖着切成4块，
　 　 从橘络上把果肉取下来。

　 ③再把每块橘络进行4等分，共计
　 　 16等分。

1. 把事先准备好的果皮洗过之后煮一下。煮沸后再煮10
　 分钟，直至橘络呈现透明色，然后捞到竹篮上，沥干水分。

2. 称一下沥干水分后的果皮重量，然后加入相同重量的水
　 和80%重量的砂糖，再次煮一下。煮沸后再煮3分钟，
　 关火，晾一下，消除余热。

3. 把步骤2的食材轻轻摁压去除汤汁，摆放到铺有烘焙用
　 纸的网上，注意不要粘到一起，在室内晾2天。

4. 从烘焙用纸上取下晾干的果皮，裹上细砂糖即可。

> 晾两天后，表面基本上就能干燥。但是室温、湿度
> 均会对其产生影响。有时中心部分有残留水分，裹
> 上细砂糖后，可能会溶解。建议先裹上一根观察一
> 下，如果溶解了，就再干燥些时日。

果皮（peel）

　 果皮指的就是蔬菜、水果的外皮。晾干之后裹
上砂糖的外皮也可称为果皮。甘夏果皮在裹上砂糖
后，柑橘类水果本身的清爽香味和轻微的苦味更适
合成人享用。日向夏的白色橘络很柔软，没有苦味，
有轻微的甜味，也称为果皮橘络。

甘夏果皮

日向夏果皮橘络

梅子

成熟的梅子已经没有甜味,会非常酸。这种特有的酸味,预示着清爽的夏季马上就要来临了。梅子从5月份开始上市,一直持续到6月中旬,甚至7月上旬。这里比较推荐南高梅。做成果酱时,金黄色非常养眼,馥郁的香味更是令人垂涎欲滴。

梅子蜂蜜果酱

 +

梅子（南高梅）……500g（净重350g）　蜂蜜 3/4 杯（210g）　完成分量：410g

1. 把梅子用竹签去蒂。
2. 把步骤1中去蒂后的梅子放进小锅里,加水,能盖住梅子即可,煮一下。煮沸后再煮7分钟。
3. 过下凉水,马上捞到竹篮里,控干水分。晾一下,消除余热。
4. 把步骤3的食材和1/2量的蜂蜜放进小锅里搅拌,用中火煮。
5. 煮沸后,换成小火,边煮边搅拌。去除上面的浮沫。
6. 煮5分钟后,关火。加入剩余的蜂蜜,尝一下味道。根据个人喜好,可酌情添加蜂蜜。
7. 用小火再煮4分钟。

- 推荐使用成熟后的金黄色的梅子。有时带青色的部分会比较酸,可在室内放置1~3天,等整体变成金黄色后再使用。
- 做好时,果酱看着很清爽,有点稀。但是晾凉之后,就有稠糊感了。

食谱

梅子杏仁甜酒冰沙

做好梅子蜂蜜果酱（分量、制作方法同上）后,再添加1⅓大匙（20mL）杏仁甜酒搅拌,做成梅子杏仁甜酒果酱。

把香槟酒倒在平托盘上,放进冰箱里冷冻后用叉子捣碎,就变成沙沙的冰点心了,即我们常说的冰沙。然后倒进玻璃杯里,浇上梅子杏仁甜酒果酱,混合之后,即可食用。酸酸的梅子搭配杏仁,味道好极了。制作时也可使用气泡葡萄酒代替香槟酒。

酸樱桃

酸樱桃的魅力就在于它独特的酸味。一般这种樱桃需要加工后食用，直接食用太酸，需要增加甜味，才能有出众的口感。

〈简单的去籽儿方法〉
把酸樱桃装进挤鲜奶油的裱花嘴里，从上往下挤，籽儿就出来了。

〈添加琼脂的果酱〉
· 因为添加有砂糖和蜂蜜，所以考虑其甜度，需要控制琼脂的用量。
· 做好时可能有点稀。但是琼凉之后凝固了，就变成稠糊状了。

酸樱桃蜂蜜果酱

柠檬汁

酸樱桃……400g（净重350g）
柠檬汁……1 小匙（5mL）

A ┃ 琼脂……5g
　┃ 砂糖……10g

蜂蜜
2/3 杯（约180g）　完成分量：420g

● 事先准备：提前搅拌好食材 A。

1. 酸樱桃去籽儿，提取果肉。

2. 把步骤 1 的食材倒进小锅里，裹上蜂蜜，放置 15 分钟。

3. 用中火煮。煮沸后，换成小火，边煮边搅拌。

4. 煮 4 分钟后，加入柠檬汁搅拌，关火，尝一下味道。根据个人喜好，可酌情添加蜂蜜。

5. 用小火再煮 2 分钟。

6. 关火，加入混合好的食材 A。为了使其完全溶解进去，搅拌的同时，再加热 1 分钟。

酸樱桃和卡巴度斯苹果酒简直就是绝配。品尝之后，满嘴的芳香

酸樱桃＋卡巴度斯苹果酒

制作酸樱桃蜂蜜果酱（制作方法如上，其中酸樱桃 350g，柠檬汁 4mL，蜂蜜 160g）时，最后关火添加 1⅓ 大匙（20mL）卡巴度斯苹果酒（苹果白兰地），搅拌。

完成分量：380g

食谱

酸樱桃＋香草＋奶油奶酪

在酸樱桃蜂蜜果酱（分量、制作方法如上）的制作步骤 3 中，添加一根去籽儿的香草豆荚一起煮。煮好后，把香草豆荚从锅里取出来，添加约 25 滴香草精华，做成酸樱桃香草果酱，然后加到涂有奶油奶酪的面包上。酸樱桃的酸味搭配奶酪酸甜可口。甜甜的香草和滑滑的奶油搭配在一起，美味至极。

酸樱桃蜂蜜果酱

酸樱桃＋卡巴度斯苹果酒

酸樱桃＋香草＋奶油奶酪

39

红萨亚卡、佐藤锦

完全成熟的红萨亚卡呈现黑色，也是一种可以生吃的樱桃，有着黑樱桃般馥郁的香味。佐藤锦是可生吃樱桃的典型品种，不是很酸，制作果酱时需要多加点柠檬汁来提升风味，以做出细腻的口感。

红萨亚卡蜂蜜果酱

柠檬汁

红萨亚卡（完全成熟）……1盒（净重180g）
柠檬汁……2小匙（10mL）
水……1大匙（15mL）

A｜琼脂……1g
　｜砂糖……10g

＋

蜂蜜
2小匙（14g）+1½小匙（11g）

完成分量：150g

● 事先准备：提前搅拌好食材A。

1. 红萨亚卡去籽儿，提取果肉。

2. 把步骤1的食材和2小匙蜂蜜、柠檬汁、水倒进小锅里搅拌，用中火煮。

3. 煮4分钟后，加入剩余的蜂蜜搅拌，关火，尝一下味道。根据个人喜好，可酌情添加蜂蜜。

4. 用小火再煮1分钟。

5. 关火，加入混合好的食材A。为了使其完全溶解进去，搅拌的同时，再加热1分钟。

红萨亚卡 + 樱桃白兰地

佐藤锦蜂蜜果酱

左藤锦蜂蜜果酱

柠檬汁

+

完成分量：150g

佐藤锦……1 盒（净重 180g）

柠檬汁……1⅓ 大匙（20mL）

　琼脂……1g

　砂糖……10g

蜂蜜
2 小匙（14g）+1 小匙
（约 6g）

樱桃白兰地也称樱桃利口酒，与樱桃
蜂蜜果酱一样口味与众不同

红萨亚卡 + 樱桃白兰地

　　制作红萨亚卡蜂蜜果酱（制作方
法参照第 40 页，其中琼脂 1.2g）时，
最后关火，添加 1 大匙（15mL）樱
桃利口酒（樱桃白兰地），搅拌。

完成分量：160g

● 事先准备：提前搅拌好食材 A。

. 佐藤锦去籽儿，提取果肉。

. 把步骤 1 的食材和 2 小匙蜂蜜、柠檬汁倒进小锅里搅拌，用中火煮。

. 煮 4 分钟后，加入剩余的蜂蜜搅拌，关火，尝一下味道。根据个人喜好，可
酌情添加蜂蜜。

. 用小火再煮 1 分钟。

. 关火，加入混合好的食材 A。为了使其完全溶解进去，搅拌的同时，再加热 1 分钟。

〈简单的去籽儿方法〉
使用挤鲜奶油的裱花嘴，装入佐藤锦，再从上
往下挤，籽儿就出来了。

〈添加琼脂的果酱〉

· 因为添加有砂糖和蜂蜜，所以考虑其甜度，
需要控制琼脂的用量。

· 做好时可能有点稀。但是琼凉之后凝固了，
就变成稠糊状了。

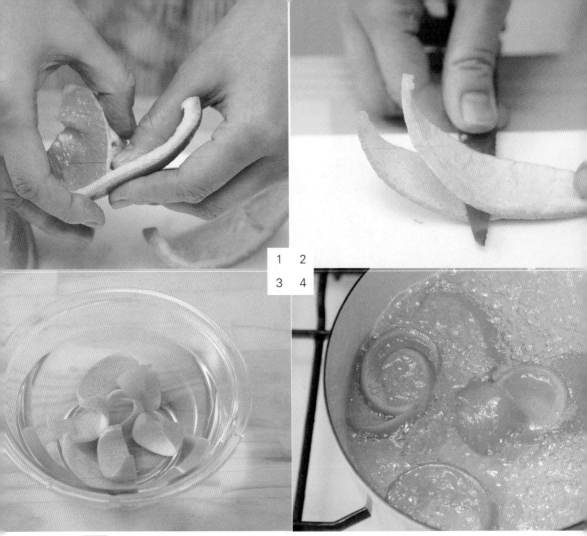

|1|2|
|3|4|

如何去除果皮苦味

柑橘类水果的果皮虽然可以直接食用，但苦味太重，难以入口。

在这里以柑橘为例，介绍去除果皮苦味的方法，供参考。

1. 把柑橘竖着切成 8 块（小的柑橘可以切成 4 块），然后把果皮剥掉。不好剥时，可用小刀辅助剥离。

2. 把果皮内部的橘络用小刀刮掉（不好刮掉时，可以把果皮切成两半）。白色的橘络尤其味苦，刮到可以看见表面点点为止。

3. 把果皮和能够浸泡果皮的水（橘子 700mL，柠檬 500mL 左右）一起放到小锅里，煮一下。煮 15 分钟后捞到竹篮里（像柠檬这种苦味比较重的果皮，每次煮 5 分钟后捞出把水倒掉，再换水继续煮，共计 3 次）。甘夏果皮去除苦味时，可以重复以上步骤 1 次。

4. 煮过的果皮捞出后放进有清水的容器里（苦味比较重的果皮，可以再切成 5mm 的细丝），放置 1 个晚上（如果还有苦味,可换一下水，再放置 1 天）。

夏

Summer

桃子蜂蜜果酱

桃子＋玫瑰红葡萄酒

44

桃子

盛夏季节，水灵灵的桃子甚是美味。白桃一般是七八月份上市，黄色果肉的黄金桃是在9月上旬大量上市。制作果酱时，推荐使用果肉稍硬一点的桃子，吃起来比较有果肉感，甜味、香味俱佳，真乃人间美味。

桃子蜂蜜果酱

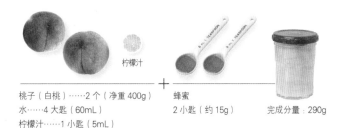

柠檬汁

桃子（白桃）……2个（净重400g）
水……4大匙（60mL）
柠檬汁……1小匙（5mL）

＋

蜂蜜
2小匙（约15g）

完成分量：290g

1. 把蜂蜜、水和柠檬汁倒进锅里搅拌，使蜂蜜溶解。

2. 把小刀沿着纹路插入桃子直到桃核处，旋转一周，切成两半，去核去皮。切成两半的桃子再分别切成8等分的弓形薄片，然后横着切成6块。切好的果肉都放进步骤1的小锅里搅拌，用中火煮。

3. 煮沸后，换成小火，边煮边搅拌。

4. 煮7分钟后，关火，尝一下味道。根据个人喜好，可酌情添加蜂蜜。

5. 用小火再煮2分钟。边煮边搅拌，注意不要粘住锅底了。

切成两半的桃子可使用勺子掏出桃核。

玫瑰红葡萄酒，制作时选择稍浓的玫瑰色，再添加点粉红色，典雅时尚

桃子＋玫瑰红葡萄酒

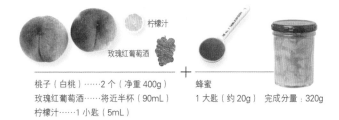

柠檬汁

玫瑰红葡萄酒

桃子（白桃）……2个（净重400g）
玫瑰红葡萄酒……将近半杯（90mL）
柠檬汁……1小匙（5mL）

＋

蜂蜜
1大匙（约20g）

完成分量：320g

1. 把蜂蜜、玫瑰红葡萄酒和柠檬汁倒进锅里搅拌，使蜂蜜溶解。

2. 切好桃子（参照上述桃子蜂蜜果酱步骤2的方法），放进小锅里，用中火煮。

3. 煮沸后，换成小火，边煮边搅拌。

4. 煮8分钟后，关火，尝一下味道。根据个人喜好，可酌情添加蜂蜜。

5. 用小火再煮2分钟。边煮边搅拌，注意不要粘住锅底了。

红布林

成熟的 Soldum 红布林呈现红宝石色，宛如夏季的红宝石。甜甜的果肉，搭配酸酸的果皮，非常清爽，能有效驱除夏季的炎热。完全成熟的果肉和果皮酸甜搭配均衡。Summer angel 红布林呈现鲜艳的红色果皮，黄色的果肉，糖度高，属于一种新品种，和果皮较酸的 Soldum 红布林相比，味道更醇厚。吃上一口，满嘴都是馥郁的香味。

Soldum 红布林蜂蜜果酱

 +

Soldum 红布林……5 ~ 6 个（净重 430g）

A 琼脂……2.6g
砂糖……10g

蜂蜜
将近 2½ 小匙（约 16g）

完成分量：300g

- 事先准备 1：等红布林的果皮从青紫色变成红宝石色，基本就很软了，可等完全成熟了再使用。

- 事先准备 2：提前搅拌好食材 A。

1. Soldum 红布林提取果肉（参照第 16 页），把 2 个分量的果皮（20g）切成细丝。

2. 把步骤 1 的食材和蜂蜜放进小锅里搅拌，用中火煮。

3. 煮沸后，换成小火，边煮边搅拌。

4. 煮 6 分钟后，关火，尝一下味道。根据个人喜好，可酌情添加蜂蜜。

5. 加入混合好的食材 A。为了使其完全溶解进去，搅拌的同时，再加热 1 分钟。

〈添加琼脂的果酱〉
- 因为添加有砂糖和蜂蜜，所以考虑其甜度，需要控制琼脂的用量。
- 做好时可能有点稀。但是晾凉之后凝固了，就变稠糊状了。

食谱

Soldum 红布林蜂蜜果酱 + 蓝纹奶酪

放有蓝纹奶酪的面包上再添加点红布林蜂蜜果酱，吃起来很爽口。浓厚的奶酪融合清爽的红布林蜂蜜果酱，推荐作为开胃小吃食用。

夏季甜甜的巴伦西亚橙子搭配橙子柑桂酒的香
味，口感甚是与众不同

Soldum 红布林 + 巴伦西亚橙子 + 橙子柑桂酒

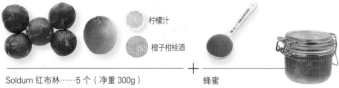

柠檬汁

橙子柑桂酒

+

Soldum 红布林……5 个（净重 300g）
巴伦西亚橙子……1 个（净重 110g）
柠檬汁……1/2 小匙略多（3mL）
橙子柑桂酒……1⅓ 大匙（20mL）

A ┃ 琼脂……1.8g
┃ 砂糖……10g

蜂蜜
1 大匙（约 20g）

完成分量：300g

● 事先准备 1：待 Soldum 红布林的果皮从青紫
  色变成红宝石色，变软了，完全成熟了再使用。

● 事先准备 2：提前搅拌好食材 A。

1. Soldum 红布林提取果肉（参照第 16 页），不用
   果皮。

2. 把橙子去除橙络，保留果肉。只除去两边的橙络，
   果皮还保留着，然后横着切成 4 块。

3. 把步骤 1、2 的食材和蜂蜜、柠檬汁放进小锅里
   搅拌，用中火煮。

4. 煮沸后，换成小火，边煮边搅拌。

5. 煮 6 分钟后，关火，尝一下味道。根据个人喜好，
   可酌情添加蜂蜜。

6. 加入混合好的食材 A。为了使其完全溶解进去，
   搅拌的同时，再加热 1 分钟。

7. 关火，最后加入橙子柑桂酒，搅拌。

- ●事先准备 1：等 Summer angel 红布林变软了，完全成熟了再使用。
- ●事先准备 2：提前搅拌好食材 A。
1. Summer angel 红布林提取果肉（参照第 16 页），把 2 个分量的果皮切成细丝。
2. 把步骤 1 的食材和蜂蜜一起放进小锅里，用中火煮。
3. 煮沸后，换成小火，边煮边搅拌。
4. 煮 6 分钟后，关火，尝一下味道。根据个人喜好，可酌情添加蜂蜜。
5. 加入混合好的食材 A。为了使其完全溶解进去，搅拌的同时，再加热 1 分钟。

Summer angel 红布林蜂蜜果酱

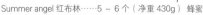

Summer angel 红布林……5 ~ 6 个（净重 430g）

A | 琼脂……2.4g
  | 砂糖……10g

蜂蜜
将近 2 小匙（约 13g）

完成分量：300g

〈添加琼脂的果酱〉
· 因为添加有砂糖和蜂蜜，所以考虑其甜度，需要控制琼脂的用量。
· 做好时可能有点稀。但是晾凉之后凝固了，就变稠糊状了。

白心柚子甜甜的果肉更增加了果酱的清爽

Summer angel 红布林 + 白心柚子

Summer angel 红布林……5 个（净重 300g）
白心柚子……1/2 个（净重 120g）
柠檬汁……1 小匙（4mL）

A | 琼脂……1.7g
  | 砂糖……10g

蜂蜜
将近 2½ 小匙（约 17g）

完成分量：290g

- ●事先准备 1：等 Summer angel 红布林变软了，完全成熟了再使用。
- ●事先准备 2：提前搅拌好食材 A。
1. Summer angel 红布林提取果肉（参照第 16 页），不用果皮。
2. 把柚子去除柚络，保留果肉。只除去两边的柚络，果皮还保留着，然后横着切成 4 块。
3. 把步骤 1、2 的食材和蜂蜜一起放进小锅里搅拌，用中火煮。
4. 煮沸后，换成小火，边煮边搅拌。
5. 煮 6 分钟后，加入柠檬汁搅拌，关火，尝一下味道。根据个人喜好，可酌情添加蜂蜜。
6. 加入混合好的食材 A。为了使其完全溶解进去，搅拌的同时，再加热 1 分钟。

Summer angel 红布林蜂蜜果酱

Summer angel 红布林 + 白心柚子

黑布林＋黑加仑甜香酒

黑布林蜂蜜果酱

黑布林

生的黑布林果皮是黑色的，果肉是稍微夹带青色的黄色。果肉和果皮一起做成果酱时，就变成了红色。8月的黑布林果肉非常甜，这也是黑布林的重要特征之一。9月下旬日本产的黑布林就开始上市了。任何一种黑布林，都要等果实变软了，完全成熟了再使用。

黑布林蜂蜜果酱

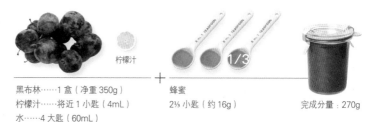

黑布林……1盒（净重350g）　蜂蜜　　　　　　　　完成分量：270g
柠檬汁……将近1小匙（4mL）　2⅓小匙（约16g）
水……4大匙（60mL）

●事先准备：等黑布林变软了，完全成熟了再使用。

1. 小刀插入黑布林直到核处，旋转一周，切成两半，去核。切成两半的黑布林再连皮分别切成8等分。

2. 把所有的食材放进小锅里搅拌，用中火煮。

3. 煮沸后，换成小火，边煮边搅拌。

4. 煮8分钟后，关火，尝一下味道。根据个人喜好，可酌情添加蜂蜜。

5. 再用小火煮3分钟，注意边煮边搅拌，不要粘住锅底了。

添加黑加仑甜香酒后，如丝绒般润滑

黑布林 + 黑加仑甜香酒

黑布林……1盒（净重350g）　蜂蜜
柠檬汁……将近1/2小匙（2mL）　1大匙略多（约22g）　完成分量：300g
水……4大匙（60mL）
黑加仑甜香酒……1⅔大匙（25mL）

●事先准备：等黑布林变软了，完全成熟了再使用。

1. 切黑布林（参照黑布林蜂蜜果酱的制作步骤1）。

2. 把步骤1的食材、蜂蜜、柠檬汁和水放进小锅里搅拌，用中火煮。

3. 煮沸后，换成小火，边煮边搅拌。

4. 煮8分钟后，关火，尝一下味道。根据个人喜好，可酌情添加蜂蜜。

5. 再用小火煮3分钟，注意边煮边搅拌，不要粘住锅底了。

6. 关火，最后加入黑加仑甜香酒，搅拌。

蓝莓

蓝莓属于果胶比较多的水果,煮时要稍微花费点时间,才能像果子冻那样坚挺。煮的时间短的话,果实的形式还有残留。煮时,果实可能会膨胀,做好时果汁很美味。使用冷冻蓝莓的话,需要加热一下再使用。

蓝莓蜂蜜果酱

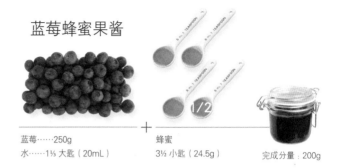

蓝莓……250g
水……1⅓ 大匙（20mL）

＋

蜂蜜
3½ 小匙（24.5g）

完成分量：200g

1. 把所有食材放进小锅里搅拌,用中火煮。

2. 煮沸后,换成小火,边煮边搅拌。

3. 煮 5 分钟后,关火,尝一下味道。根据个人喜好,可酌情添加蜂蜜。

4. 再用小火煮 1 分钟。

食谱

蓝莓威士忌果酱＋肝泥

涂有肝泥的面包再添加些蓝莓威士忌果酱（分量、制作方法如右边）。肝泥口味温和,食用方便。威士忌的香味扑鼻而来,优雅有品位。

推荐使用麦芽威士忌,100% 纯麦芽,通过蒸馏酿造。自然烟熏风味,馥郁深邃,可激发味蕾的无限可能。

蓝莓馥郁的风味,搭配威士忌的香味,
更适合成人享用

蓝莓＋威士忌

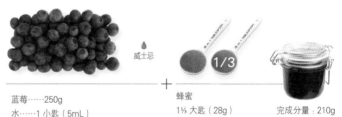

威士忌

蓝莓……250g
水……1 小匙（5mL）
威士忌（麦芽酒系列）……将近 1⅓ 大匙（20mL）

＋

蜂蜜
1⅓ 大匙（28g）

完成分量：210g

1. 把蓝莓、蜂蜜和水放进小锅里搅拌,用中火煮。

2. 煮沸后,换成小火,边煮边搅拌。

3. 煮 5 分钟后,关火,尝一下味道。根据个人喜好,可酌情添加蜂蜜。

4. 再用小火煮 1 分钟。

5. 关火,最后添加威士忌,搅拌。

山莓

初夏和秋天均可收获的山莓，其实也是草莓的一种。山莓果酱比山莓酸味更浓。制作时，稍微多添加一些蜂蜜，效果会更好。

山莓蜂蜜果酱

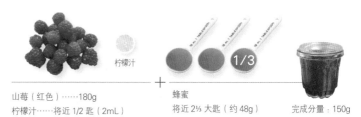

柠檬汁

山莓（红色）……180g
柠檬汁……将近 1/2 匙（2mL）

蜂蜜
将近 2⅓ 大匙（约 48g）

完成分量：150g

1. 把山莓放进小锅里，裹上蜂蜜，放置 10 分钟左右。

2. 往步骤 1 的食材里加入柠檬汁搅拌，用中火煮。煮沸后，换成小火，边煮边搅拌。

3. 煮 5 分钟后，关火，尝一下味道。根据个人喜好，可酌情添加蜂蜜。

4. 再用小火煮 1 分钟。

食谱

咖啡冻 + 山莓 + 蓝莓 + 咖啡甜香酒

咖啡冻上放含有少量砂糖的鲜奶油，再添加上山莓、蓝莓和咖啡甜香酒果酱（分量、制作方法如右边）。山莓脆脆的口感、浆果的酸味和咖啡的苦涩香味，回味悠长，比一般的咖啡冻美味很多。

脂肪成分 42% 以上的鲜奶油和浆果的酸味搭配在一起简直是绝配。

山莓的甜酸味搭配咖啡苦涩的香味
山莓 + 蓝莓 + 咖啡甜香酒

冷冻山莓（红色）……150g
冷冻蓝莓……80g
蜂蜜……1 大匙略多（约 22g）

水……1⅓ 大匙（20mL）
咖啡甜香酒……1 大匙（15mL）

完成分量：200g

1. 把冷冻山莓、冷冻蓝莓、蜂蜜和水放进小锅里搅拌，用中火煮。

2. 煮沸后，换成小火，边煮边搅拌。

3. 煮 5 分钟后，关火，尝一下味道。根据个人喜好，可酌情添加蜂蜜。

4. 再用小火煮 1 分钟。

5. 关火，最后添加咖啡甜香酒，搅拌。

使用冷冻浆果也可制作。

甜瓜

安第斯甜瓜果皮呈网络状。考虑到果酱整体风味的平衡，可多增加酸味。建议使用靠近籽儿、中心部分比较甜的果肉。昆西甜瓜有着橙色的果肉，属于红色系的果肉，甜甜的，果汁多。使用昆西甜瓜制作果酱时，柠檬汁用量要控制一下，比制作安第斯甜瓜果酱用量少。

安第斯甜瓜蜂蜜果酱

柠檬汁

完成分量：290g

安第斯甜瓜（3L）……1/2 个（净重 350g）
柠檬汁……1⅓ 大匙略多（26mL）
A 琼脂……2.3g
　 砂糖……10g

蜂蜜
3⅓ 小匙略多（约24g）

●事先准备：提前搅拌好食材 A。

1. 把甜瓜切成两半，去籽儿、去瓜络。然后各自再竖着 4 等分，去皮。把果肉切成 1cm 厚的薄片。
2. 把食材 A 之外的食材都放进小锅里，用中火煮。
3. 煮沸后，换成小火，边煮边搅拌。去除上面的浮沫。
4. 煮 5 分钟后，关火，尝一下味道。根据个人喜好，可酌情添加蜂蜜。
5. 加入混合好的食材 A。为了使其完全溶解进去，搅拌的同时，再加热 1 分钟。

葡萄酒的酸味搭配甜瓜的香味，优雅而有品位

安第斯甜瓜 + 白葡萄酒

柠檬汁

白葡萄酒

完成分量：300g

安第斯甜瓜（3L）……1/2 个（净重 300g）
柠檬汁……将近 1½ 小匙（7mL）
白葡萄酒……4⅓ 大匙（65mL）
A 琼脂……2.5g
　 砂糖……10g

蜂蜜
将近 2½ 小匙（约 17g）

●事先准备：提前搅拌好食材 A。

1. 切开甜瓜（参照安第斯甜瓜蜂蜜果酱的制作步骤 1）。
2. 把除食材 A 之外的食材都放进小锅里，用中火煮。
3. 煮沸后，换成小火，边煮边搅拌。去除上面的浮沫。
4. 煮 5 分钟后，关火，尝一下味道。根据个人喜好，可酌情添加蜂蜜。
5. 加入混合好的食材 A。为了使其完全溶解进去，搅拌的同时，再加热 1 分钟。

使用正好可以吃的甜瓜制作。成熟度增加后酸味会减少，制作果酱时需要增加柠檬的用量。

〈添加琼脂的果酱〉
・因为添加有砂糖和蜂蜜，所以考虑其甜度，需要控制琼脂的用量。
・做好时可能有点稀。但是琼凉之后凝固了，就变稠糊状了。

安第斯甜瓜＋白葡萄酒

安第斯甜瓜蜂蜜果酱

昆西甜瓜蜂蜜果酱

 1/2　柠檬汁

\+

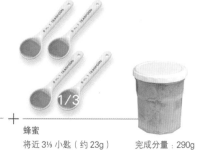 1/3　蜂蜜

昆西甜瓜（3L）……1/2 个（净重 350g）
柠檬汁……1⅓ 大匙（20mL）
A｜琼脂……2.3g
　｜砂糖……10g

蜂蜜
将近 3⅓ 小匙（约 23g）

完成分量：290g

●事先准备：提前搅拌好食材 A。

1. 切开甜瓜（参照第 56 页安第斯甜瓜蜂蜜果酱的制作步骤 1）。

2. 把除食材 A 之外的食材都放进小锅里，用中火煮。

3. 煮沸后，换成小火，边煮边搅拌。去除上面的浮沫。

4. 煮 5 分钟后，关火，尝一下味道。根据个人喜好，可酌情添加蜂蜜。

5. 加入混合好的食材 A。为了使其完全溶解进去，搅拌的同时，再加热 1 分钟。

昆西甜瓜搭配时令水果红布林，有番茄
果酱的感觉

昆西甜瓜 + 红布林

使用红布林制作果酱时，不使用琼脂也可以做
成稠糊状。

昆西甜瓜（3L）……将近 1/2 个（净重 200g）
红布林……2 个（净重 140g）
柠檬汁……1 小匙（5mL）

蜂蜜
将近 1 大匙（约 20g） 完成分量：240g

1. 切开甜瓜（参照第 56 页安第斯甜瓜蜂蜜果酱
   的制作步骤 1）。
2. 提取完全成熟的红布林的果肉（参照第 16 页）。
3. 把所有的食材都放进小锅里，用中火煮。
4. 煮沸后，换成小火，边煮边搅拌。
5. 煮 4 分钟后，关火，尝一下味道。根据个人喜好，
   可酌情添加蜂蜜。
6. 小火再煮 2 分钟。

西瓜蜂蜜果酱（干蓝莓）

西瓜＋巴伦西亚橙汁

西瓜

西瓜可以说是夏季水果的代表。西瓜的清爽搭配干蓝莓的甜味，简直绝配。

西瓜蜂蜜果酱（干蓝莓）

大玉西瓜……1/8 个
（小玉西瓜需要 1/4 个、净重 350g）
柠檬汁……1 大匙（15mL）
水……1/2 杯略多（110mL）
干蓝莓（野生）……12g
A 琼脂……1.7g
　 砂糖……10g

蜂蜜
1/2 大匙略多（约 11g）完成分量：350g

●事先准备：提前搅拌好食材 A。

1. 把干蓝莓放入小盆里，浇上热水，放置 20 ~ 30 秒后，捞到竹篮里。

2. 西瓜去皮、去籽儿，把果肉切成边长 5mm 的块状。

3. 把步骤 2 的食材和柠檬汁、水、蜂蜜都放进小锅里，用中火煮。

4. 煮沸后，换成小火，边煮边搅拌。去除上面的浮沫。

5. 煮 8 分钟后，关火，尝一下味道。根据个人喜好，可酌情添加蜂蜜。

6. 加入混合好的食材 A。为了使其完全溶解进去，搅拌的同时，再加热 1 分钟。

7. 关火，最后加入步骤 1 的食材，搅拌。

> 西瓜富含水分，煮时有可能使清爽味变淡，需要加水。
>
> 〈添加琼脂的果酱〉
> · 因为添加有砂糖和蜂蜜，所以考虑其甜度，需要控制琼脂的用量。
> · 做好时可能有点稀。但是琼凉之后凝固了，就变稠糊状了。

> 干蓝莓含有大量油层外衣，在浇上热水，去除油层外衣的同时，也可使干蓝莓变软。

巴伦西亚橙汁更增添了西瓜的清爽口味

西瓜 + 巴伦西亚橙汁

大玉西瓜……1/8 个
（小玉西瓜需要 1/4 个、净重 350g）
巴伦西亚橙汁……2 个分量（120mL）
柠檬汁……将近 1 小匙（4mL）
A 琼脂……2g
　 砂糖……10g

蜂蜜
1/2 大匙略多（约 12g）完成分量：340g

●事先准备：提前搅拌好食材 A。

1. 西瓜去皮、去籽儿，把果肉切成边长 5mm 块状。

2. 用榨汁机榨取巴伦西亚橙汁。

3. 把除食材 A 以外的食材都放进小锅里，用中火煮。

4. 煮沸后，换成小火，边煮边搅拌。去除上面的浮沫。

5. 煮 8 分钟后，关火，尝一下味道。根据个人喜好，可酌情添加蜂蜜。

6. 加入混合好的食材 A。为了使其完全溶解进去，搅拌的同时，再加热 1 分钟。

芒果

芒果和番荔枝、山竹堪称世界三大美果。顺滑的果肉，入口即溶的口感，是芒果最大的魅力。芒果核四周的果肉可做成果泥，充分利用。台湾产的苹果芒与在日本培育出的品种是一样的，但是比日本产的要便宜点。挑选时，要注意挑选果皮整体是红色的芒果。

芒果蜂蜜果酱

- 芒果核四周纤维比较多，过滤后食用，口感会比较顺滑。
- 用硅胶铲子制作容易染色，建议使用木铲子。

芒果（台湾产苹果芒）
1 个（净重 260g）
柠檬汁……将近 1 小匙（4mL）

柠檬汁

+

蜂蜜
1 大匙略多（约 22g）　完成分量：200g

1. 把刀沿着芒果中心的果核插入，做 3 等分。果肉部分横着切成四块，如图 1 所示，去皮。把果肉切成边长 1cm 的块状。芒果核四周（约 60g）的果肉剜出来，用料理机或者食物搅拌机搅碎，或切成细丝。切碎的果肉做成果泥状。

2. 把步骤 1 的食材和蜂蜜都放进小锅里搅拌，用中火煮。

3. 煮沸后，换成小火，边煮边搅拌。

4. 煮 5 分钟后，加入柠檬汁搅拌，关火，尝一下味道。根据个人喜好，可酌情添加蜂蜜。

5. 用小火再煮 3 分钟。

图 1

芒果搭配西番莲，酸甜适中，是闷热的夏季再好不过的美食了

芒果 + 西番莲

西番莲果泥

柠檬汁

芒果（台湾产苹果芒）……1 个（净重 200g）
冷冻西番莲果泥……65g
柠檬汁……1/2 小匙略多（3mL）

+

蜂蜜
将近 1 大匙（约 20g）　完成分量：200g

1. 切开芒果（参照芒果蜂蜜果酱的制作步骤 1）。芒果核四周的果肉不使用。

2. 把步骤 1 的食材和冷冻西番莲果泥、蜂蜜都放进小锅里搅拌，用中火煮。

3. 煮沸后，换成小火，边煮边搅拌。

4. 煮 5 分钟后，加入柠檬汁搅拌，关火，尝一下味道。根据个人喜好，可酌情添加蜂蜜。

5. 用小火再煮 3 分钟。

杏子

　　日本产的杏子，一般都是比较酸的品种。这种酸杏夏季食用，对身体很好。如果购买了杏子蜂蜜果酱，建议尽快食用。放置一段时间后，酸味减淡，味道就没那么好了。使用蜂蜜的时候，因品种而异，煮不成稠糊状也有可能。这里推荐使用长野县产的信州大实杏子。

杏子蜂蜜果酱

杏子＋杏干

杏子蜂蜜果酱

蜂蜜
将近 2½ 大匙（约 52g）

完成分量：370g

杏子（信州大实）……500g（净重 450g）
水……1⅓ 大匙（20mL）

1. 切杏子时，把小刀插到核处，旋转一周，先切成两半。去核后，连果皮一起分别
   切十字形，进行 4 等分。

2. 把所有的食材都放进小锅里搅拌，用中火煮。

3. 煮沸后，换成小火，边煮边搅拌。

4. 煮 10 分钟后，关火，尝一下味道。根据个人喜好，可酌情添加蜂蜜。

5. 用小火再煮 1 分钟。

新鲜杏子的酸味搭配杏干的甜味，增添了甜香酒
浓郁的香味

杏子 + 杏干

食谱

泡沫杏子酒

把冰过的杏子甜香酒倒进玻璃杯里，再把杏子蜂蜜果酱（分量、制作方法如上）在上面放上两三勺，轻轻搅拌食用。葡萄的清爽搭配杏子的酸味，融合在一起清爽无比。尤其适合作炎热夏季的饭前开胃酒。

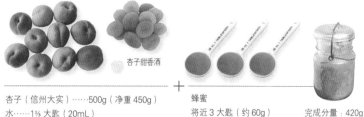

杏子甜香酒

蜂蜜
将近 3 大匙（约 60g）

完成分量：420g

杏子（信州大实）……500g（净重 450g）
水……1⅓ 大匙（20mL）
杏干……适量（8 ~ 9 个）
杏子甜香酒……适量

● 事先准备：把杏干放入便当盒里，浇上杏子甜香酒，盖上盖子，浸泡一天（浸泡
  两天效果会更好，香味更浓）。把浸泡好的 50g 杏干切成边长 1cm 的块状。

1. 切杏子时，把小刀插到核处，旋转一周，先切成两半。去核后，连果皮一起分别
   切十字形，进行 4 等分。

2. 把步骤 1 的食材和蜂蜜、水都放进小锅里搅拌，用中火煮。

3. 煮沸后，换成小火，边煮边搅拌。

4. 煮 10 分钟后，加入浸泡过的杏干搅拌。关火，尝一下味道。根据个人喜好，可
   酌情添加蜂蜜。

5. 用小火再煮 1 分钟。

最后再煮 1 分钟，杏干会变得更柔软，和新鲜的杏子果肉融合会更好。

油桃

油桃富有光泽的果皮也可以一起食用。它不像普通的桃子那样表面有一层白色的茸毛，有着普通桃子没有的酸爽口感，非常适合制作果酱。因为它的果肉不容易煮碎，需先切成薄片再使用。

油桃蜂蜜果酱

油桃……1 盒（净重 400g）
水……3⅓ 大匙（50mL）

蜂蜜
2⅓ 小匙（约 16g）

完成分量：330g

1. 切油桃时，把小刀插到核处，旋转一周，先切成两半。去核后，连果皮一起再分别切成两半，然后切成厚 8mm 的片。
2. 把所有的食材都放进小锅里搅拌，用中火煮。
3. 煮沸后，换成小火，边煮边搅拌。
4. 煮 8 分钟后，关火，尝一下味道。根据个人喜好，可酌情添加蜂蜜。
5. 小火再煮 2 分钟。注意边煮边搅拌，不要粘住锅底了。

> 油桃核可以用手直接处理掉，核四周的果肉最好用勺子处理。

选用夏天的时令水果，
酸酸甜甜的口感交织在一起

油桃 + 黑布林 + 巴伦西亚橙汁

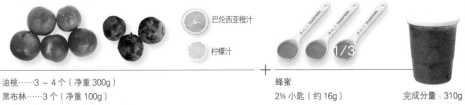

巴伦西亚橙汁

柠檬汁

油桃……3 ~ 4 个（净重 300g）
黑布林……3 个（净重 100g）
巴伦西亚橙汁……5⅓ 大匙（80mL）
柠檬汁……将近 1 小匙（4mL）

蜂蜜
2⅓ 小匙（约 16g）

完成分量：310g

●事先准备：等黑布林变软了，完全成熟了再使用。

1. 切开油桃（参照油桃蜂蜜果酱的制作步骤 1）。
2. 小刀插入至黑布林的核处，旋转一周，切成两半，去核。切成两半的黑布林连皮再分别切成 8 等分。
3. 用榨汁机榨取巴伦西亚橙汁。
4. 把所有的食材放进小锅里搅拌，用中火煮。
5. 煮沸后，换成小火，边煮边搅拌。
6. 煮 9 分钟后，关火，尝一下味道。根据个人喜好，可酌情添加蜂蜜。
7. 再用小火煮 4 分钟，注意边煮边搅拌，不要粘住锅底了。

油桃 + 黑布林 + 巴伦西亚橙汁

油桃蜂蜜果酱

西番莲＋脐橙

西番莲蜂蜜果酱

西番莲

西番莲加热后会更酸。它的核也可食用，口感很脆。西番莲需要放置到完全成熟，果皮变皱后再食用。用来制作果酱，果肉比较少时，可添加冷冻的西番莲果泥。

西番莲蜂蜜果酱

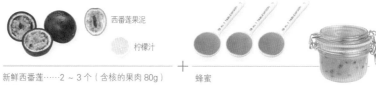

西番莲果泥

柠檬汁

新鲜西番莲……2~3个（含核的果肉80g）
冷冻西番莲果泥……250g
柠檬汁……半小匙略多（3mL）
A ⎰ 琼脂……8g
  ⎱ 砂糖……10g

+

蜂蜜
将近3大匙（约60g）

完成分量：280g

● 事先准备1：把新鲜西番莲放置到果皮变皱，完全成熟了再使用。冷冻西番莲果泥自然解冻即可。

● 事先准备2：提前搅拌好食材A。

1. 把新鲜西番莲果实横着切成两半，把果肉和果核用勺子取出来。

2. 把除食材A以外的食材都放进小锅里，用中火煮。

3. 煮沸后，换成小火，边煮边搅拌。

4. 煮6分钟后，关火，尝一下味道。根据个人喜好，可酌情添加蜂蜜。

5. 加入混合好的食材A。为了使其完全溶解进去，搅拌的同时，再加热1分钟。

> 加入新鲜西番莲的白色果络部分会产生杂味，而加入西番莲果泥，味道会更好。
>
> 〈添加琼脂的果酱〉
> · 因为添加有砂糖和蜂蜜，所以考虑其甜度，需要控制琼脂的用量。
> · 做好时可能有点稀。但是晾凉之后凝固了，就变稠糊状了。

西番莲的强酸搭配脐橙的醇厚口感

西番莲 + 脐橙

柠檬汁   西番莲果泥

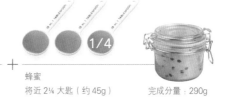

1/4

新鲜西番莲……2~3个（含核及过滤后的果肉80g）
冷冻西番莲果泥……130g
脐橙……2个（净重150g）
A ⎰ 琼脂……3.8g
  ⎱ 砂糖……10g

+

蜂蜜
将近2¼大匙（约45g）

完成分量：290g

> 如没有新鲜西番莲，使用210g冷冻西番莲果泥即可。

● 事先准备1：把新鲜西番莲放置到果皮变皱，完全成熟了再使用。冷冻西番莲果泥自然解冻即可。

● 事先准备2：提前搅拌好食材A。

1. 把新鲜西番莲果实横着切成两半，把果肉和果核用勺子取出来。把果核四周的果肉过滤出来。

2. 脐橙去除橙络，取出果肉，去籽儿后，横着切成4块。

3. 把除食材A以外的食材和过滤后剩下的西番莲核都放进小锅里，用中火煮。

4. 煮沸后，换成小火，边煮边搅拌。

5. 煮6分钟后，关火，尝一下味道。根据个人喜好，可酌情添加蜂蜜。

6. 加入混合好的食材A。为了使其完全溶解进去，搅拌的同时，再加热1分钟。

枇杷

枇杷只要一上市，就意味着夏天来了。枇杷可直接食用，不过建议从下往上剥掉皮后再吃。做果酱时，果肉大概切一下就可以，吃起来口感醇厚，水分比较多。

枇杷蜂蜜果酱

柠檬汁

枇杷……1盒（6个、净重220g）
柠檬汁……1大匙（15mL）
水……3/4杯略多（160mL）

+

蜂蜜
2大匙（42g）

完成分量：210g

1. 把枇杷竖着切成两半，用勺子把籽儿挖出，去皮。切成两半后再分别切十字形，进行4等分。
2. 把所有的食材都放进小锅里，用中火煮。
3. 煮沸后，换成小火，边煮边搅拌。
4. 煮10分钟后，关火，尝一下味道。根据个人喜好，可酌情添加蜂蜜。
5. 用小火再煮3分钟。

> ·枇杷籽儿四周的果肉会变成茶色，但煮后颜色就变回来了，很好看。
> ·不用添加琼脂，做成沙沙的口感即可。

灰葡萄酿成的苏玳甜白葡萄酒，
如花蜜般香甜

> 〈添加琼脂的果酱〉
> ·因为添加有砂糖和蜂蜜，所以要考虑其甜度，需要控制琼脂的用量。
> ·做好时可能有点稀。但是晾凉之后凝固了，就变稠糊状了。

枇杷+苏玳甜白葡萄酒

苏玳甜白葡萄酒

柠檬汁

枇杷……1盒（6个、净重220g）
柠檬汁……1⅓大匙（20mL）
苏玳甜白葡萄酒……3/4杯（150mL）

A ┃琼脂……1g
　┃砂糖……10g

+

蜂蜜
将近2大匙（39g）

完成分量：250g

> 除苏玳甜白葡萄酒外，其他甜口味的葡萄酒品种也可以。

●事先准备：提前搅拌好食材A。

1. 切开枇杷（参照枇杷蜂蜜果酱制作步骤1）。
2. 把除食材A以外的食材都放进小锅里，用中火煮。
3. 煮沸后，换成小火，边煮边搅拌。
4. 煮10分钟后，关火，尝一下味道。根据个人喜好，可酌情添加蜂蜜。
5. 用小火再煮2分钟。
6. 加入混合好的食材A。为了使其完全溶解进去，搅拌的同时，再加热1分钟。

枇杷蜂蜜果酱

枇杷＋苏玳甜白葡萄酒

关于瓶盖的故事

用于装果酱的瓶子，一般都配有拧一下就可开合的旋转盖子，或者螺旋形盖子。瓶盖内侧一般都有内衬，比较软。这种内衬每用一次，就会凹下一点，长期保存果酱时，建议使用新瓶盖。螺旋形瓶盖轻轻一拧就能开合，比较方便。但是，过度脱气时，螺旋部分会粘上果酱，一旦凝固，就不容易拧开或者合上了。瓶盖用的时间长了容易颜色脱落或者生锈，建议用开水烫一下，进行脱气杀菌即可。相同直径的盖子，有时可以共用，以搭配不同容量的瓶子。可收集一些相同尺寸的瓶盖，以后用起来会比较方便。

※ 一般用热水对瓶盖进行杀菌，80℃的热水煮 5 秒即可。

秋

Autumn

无花果

夏天过去，秋高气爽的秋天就到了。秋季水果琳琅满目，无花果就是秋天时令水果的代表之一。脆、甜的口感，是无花果最大的魅力。进入深秋，无花果的味道更浓郁了。尤其是从9月下旬到10月的无花果，非常适合制做蜂蜜果酱。蜂蜜可以浸透果皮，令整个无花果食用起来更美味。

无花果蜂蜜果酱

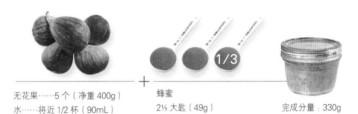

无花果……5个（净重400g）
水……将近1/2杯（90mL）

蜂蜜
2⅓大匙（49g）

完成分量：330g

1. 把无花果头部切掉，竖着进行8等分。再各自横着进行4等分，这时，会有白色液体流出，用水洗掉即可。
2. 把所有的食材都放进小锅里，用中火煮。
3. 煮沸后，换成小火，边煮边搅拌。
4. 煮8分钟后，关火，尝一下味道。根据个人喜好，可酌情添加蜂蜜。
5. 用小火再煮5分钟，边煮边搅拌。

把底部中心处变黑的部分去除掉，果酱做好后看起来会比较好看。

食谱

生火腿＋菲达奶酪＋无花果蜂蜜果酱

在生火腿上放厚5mm的菲达奶酪，上面再放上无花果蜂蜜果酱，然后卷起来，用牙签固定住。生火腿和奶酪的咸味、无花果蜂蜜果酱的甜味是非常搭配的。根据个人喜好，也可放上薄荷叶，有股清凉感。菲达奶酪是使用羊乳做成的，吃起来很清爽，是希腊的代表奶酪。将凝固的新鲜奶酪用盐浸泡过后，可保存起来以后食用。如果不喜欢咸味，用清水洗掉即可。

添加上脐橙的清爽，就是秋天的味道

无花果 + 脐橙

 1/2 +  2/3

无花果……4 个（净重 300g）
脐橙……果肉 1 ~ 2 个分量（净重 120g）+ 果汁一半分量（40mL）
水……1⅓ 大匙（20mL）

蜂蜜
1⅓ 大匙（35g）

完成分量：350g

1. 把无花果头部切掉，竖着进行 8 等分。再各自横着进行 3 等分，这时，会有白色液体流出，用水洗掉即可。

2. 脐橙去除橙络，保留果肉。只除去两边的橙络，果皮还保留着，然后横着切成 4 块。用榨汁机榨取 40mL 果汁。

3. 把所有的食材都放进小锅里，用中火煮。

4. 煮沸后，换成小火，边煮边搅拌。

5. 煮 8 分钟后，关火，尝一下味道。根据个人喜好，可酌情添加蜂蜜。

6. 用小火再煮 5 分钟，边煮边搅拌。

玫瑰红葡萄酒馥郁的风味可带来丰富的口感

无花果＋黑布林＋玫瑰红葡萄酒

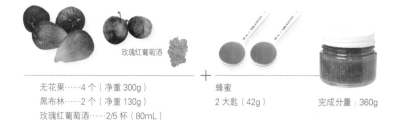

玫瑰红葡萄酒

＋

无花果……4 个（净重 300g）
黑布林……2 个（净重 130g）
玫瑰红葡萄酒……2/5 杯（80mL）

蜂蜜
2 大匙（42g）

完成分量：360g

●事先准备：等黑布林变软了，完全成熟了再使用。

1. 把无花果头部切掉，竖着进行 8 等分。再各自横着进行 3 等分，这时，会有白色液体流出，用水洗掉即可。

2. 把小刀插入黑布林直到核处，旋转一周，切成两半，去核。切成两半的黑布林再连皮分别切成 8 等分。

3. 把所有的食材都放进小锅里，用中火煮。

4. 煮沸后，换成小火，边煮边搅拌。去除上面的浮沫。

5. 煮 10 分钟后，关火，尝一下味道。根据个人喜好，可酌情添加蜂蜜。

6. 用小火再煮 5 分钟。边煮边搅拌，不要粘住锅底了。

葡萄

葡萄种类非常多，大小不一，最近还出现了可以连皮食用的品种。葡萄既是健康食品又有美容功效。任何品种的葡萄制作葡萄果酱时为了口感更好，都是要去皮的。煮的时候可以一起煮，色、香、味更好。加入葡萄酒后，会散发出更馥郁的香味。

甲斐路葡萄蜂蜜果酱

巨峰葡萄蜂蜜果酱

阳光玫瑰葡萄蜂蜜果酱

巨峰葡萄蜂蜜果酱

柠檬汁　　红葡萄酒

巨峰葡萄……1 串（净重 350g）
柠檬汁……1 小匙（5mL）
红葡萄酒〔设拉子（Shiraz）〕……4 大匙
（60mL）
水……3⅓ 大匙（50mL）

A| 琼脂……2g
　| 砂糖……10g

＋

蜂蜜
2½ 小匙略多（约 18g）

完成分量：360g

> 设拉子红葡萄酒是葡萄酒的一个品
> 种，没有的话也可使用其他品种的
> 葡萄酒代替。

● 事先准备 1：提前搅拌好食材 A。

● 事先准备 2：葡萄去皮、去籽儿（参照第 96
页）。葡萄皮可以放进茶包里使用。

1. 把事先准备好的葡萄、葡萄皮和除食材 A 以
外的食材都放进小锅里搅拌，用中火煮。

2. 煮沸后，换成小火，边煮边搅拌。

3. 煮 6 分钟后，关火，尝一下味道。根据个人
喜好，可酌情添加蜂蜜。

4. 用小火再煮 2 分钟。注意边煮边搅拌。

5. 关火，把葡萄皮捞出来，加入混合好后的食
材 A。为了使其完全溶解进去，搅拌的同时，
再加热 1 分钟。

阳光玫瑰葡萄蜂蜜果酱

柠檬汁　　白葡萄酒

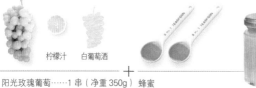

＋

蜂蜜
2 小匙（14g）

完成分量：340g

阳光玫瑰葡萄……1 串（净重 350g）
柠檬汁……1 小匙（5mL）
白葡萄酒（尼亚加拉）……4 大匙
（60mL）
水……3⅓ 大匙（50mL）

A| 琼脂……2g
　| 砂糖……10g

● 制作方法参照巨峰葡萄蜂蜜果酱。

〈添加琼脂的果酱〉

· 因为添加有砂糖和蜂蜜，所
以考虑其甜度，需要控制琼
脂的用量。

· 做好时可能有点稀。但是琼
凉之后凝固了，就成稠糊状
了。

甲斐路葡萄蜂蜜果酱

柠檬汁　　白葡萄酒

＋

蜂蜜
2 小匙（14g）

完成分量：360g

甲斐路葡萄……1 串（净重 350g）
柠檬汁……1 小匙（5mL）
白葡萄酒〔雷司令（Riesling）〕
……4 大匙（60mL）
水……3⅓ 大匙（50mL）

A| 琼脂……2g
　| 砂糖……10g

● 制作方法参照巨峰葡萄蜂蜜果酱。

脐橙的酸味搭配菠萝的甜味，组合起来更加美味

巨峰葡萄 + 脐橙 + 菠萝

红葡萄酒
菠萝果汁
柠檬汁

巨峰葡萄……1 串（净重 350g）
脐橙……1 个（净重 100g）
菠萝果汁……1/4 个分量（40mL）
柠檬汁……1 小匙和 1/2 匙（7mL）
红葡萄酒〔设拉子（Shiraz）〕……2 大匙（30mL）
水……1⅓ 大匙（20mL）

A ┃ 琼脂……4g
┃ 砂糖……10g

+ 1/2

蜂蜜
1/2 大匙略多（约 12g） 完成分量：390g

设拉子红葡萄酒是葡萄酒的一个品
种，没有的话也可使用其他品种的
葡萄酒代替。

● 事先准备 1：提前搅拌好食材 A。

● 事先准备 2：葡萄去皮、去籽儿（参照第
96 页），葡萄皮可以放进茶包里使用。

1. 脐橙去除橙络，保留果肉，然后横着切成
4 块。

2. 菠萝去皮，把果肉切碎，用木铲子摁压出
40mL 菠萝果汁。

3. 把事先准备好的葡萄、葡萄皮和除食材 A
以外的食材都放进小锅里搅拌，用中火煮。

4. 煮沸后，换成小火，边煮边搅拌。

5. 煮 6 分钟后，关火，尝一下味道。根据个
人喜好，可酌情添加蜂蜜。

6. 用小火再煮 2 分钟。注意边煮边搅拌。

7. 关火，把葡萄皮捞出来，加入混合好的食
材 A。为了使其完全溶解进去，搅拌的同时，
再加热 1 分钟。

野玫瑰果和扶桑香草茶醇厚的酸味、
香味是最佳搭配

甲斐路葡萄 + 野玫瑰果 + 扶桑香草茶

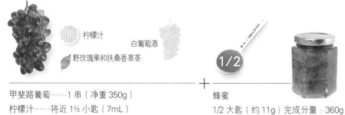

柠檬汁

白葡萄酒

野玫瑰果和扶桑香草茶

甲斐路葡萄……1 串（净重 350g）
柠檬汁……将近 1½ 小匙（7mL）
白葡萄酒（雷司令（Riesling））
……3⅓ 大匙（50mL）
野玫瑰果和扶桑香草茶……4 大匙（60mL）

A | 琼脂……2.4g
　 | 砂糖……10g

如用立顿茶，使用 1.5g 茶叶。

1/2

蜂蜜
1/2 大匙（约 11g）完成分量：360g

●事先准备 1：提前搅拌好食材 A。

●事先准备 2：葡萄去皮、去籽儿（参照第 96 页）。
　葡萄皮可以放进茶包里使用。

1. 野玫瑰果和扶桑香草茶，1 个茶包放 100mL 热水
　（分量外），放置 3 分钟后，捞出茶包，晾凉。

2. 把事先准备好的葡萄、葡萄皮、步骤 1 的食材
　60mL、柠檬汁和白葡萄酒都放进小锅里搅拌，用
　中火煮。

3. 煮沸后，换成小火，边煮边搅拌。

4. 煮 6 分钟后，关火，尝一下味道。根据个人喜好，
　可酌情添加蜂蜜。

5. 用小火再煮 2 分钟。注意边煮边搅拌。

6. 关火，把葡萄皮捞出来，加入混合好的食材 A。
　为了使其完全溶解进去，搅拌的同时，再加热 1
　分钟。

白葡萄 (Rosario Bianco) 搭配甜甜的红心柚子，
可以做出口感清爽的蜂蜜果酱

白葡萄 + 红心柚子

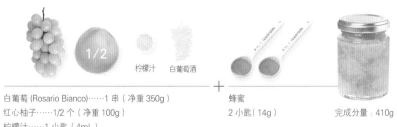

柠檬汁　白葡萄酒

白葡萄 (Rosario Bianco)……1 串〔净重 350g〕
红心柚子……1/2 个〔净重 100g〕
柠檬汁……1 小匙〔4mL〕
白葡萄酒〔雷司令（Riesling）〕……4⅔ 大匙〔70mL〕
水……4 大匙〔60mL〕
A ｜ 琼脂……2.4g
　｜ 砂糖……10g

蜂蜜
2 小匙〔14g〕

完成分量：410g

● 事先准备 1：提前搅拌好食材 A。

● 事先准备 2：葡萄去皮、去籽儿（参照第 96 页）。葡萄皮可以放进茶包里使用。

1. 柚子去除柚络，保留果肉，然后横着切成 4 块。

2. 把事先准备好的葡萄、葡萄皮和除 A 以外的食材都放进小锅里搅拌，用中火煮。

3. 煮沸后，换成小火，边煮边搅拌。

4. 煮 8 分钟后，关火，尝一下味道。根据个人喜好，可酌情添加蜂蜜。

5. 用小火再煮 3 分钟。注意边煮边搅拌。

6. 关火，把葡萄皮捞出来，加入混合好的食材 A。为了使其完全溶解进去，搅拌的同时，再加热
　 1 分钟。

〈添加琼脂的果酱〉
· 因为添加有砂糖和蜂蜜，所以考虑其甜度，
　需要控制琼脂的用量。
· 做好时可能有点稀。但是琼凉之后凝固了，
　就变稠糊状了。

日本梨

　　日本梨中，丰水、幸水等品种的梨果皮呈现茶色。20世纪后出现了果皮呈现黄绿色的梨。虽然品种不同，但是任何一种梨都是口感清脆，富含水分。建议使用甜度适中，略带点酸味的丰水日本梨来制作果酱。

日本梨蜂蜜果酱

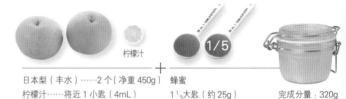

柠檬汁

日本梨（丰水）……2个（净重450g）
柠檬汁……将近1小匙（4mL）

＋

蜂蜜
1⅕大匙（约25g）

完成分量：320g

1. 梨去皮，除去梨核。把果肉切成边长5~8mm块状。

2. 把步骤1的食材放进小锅里，裹上蜂蜜，放置15分钟。

3. 往步骤2的食材里加入柠檬汁，用中火煮。

4. 煮沸后，换成小火，边煮边搅拌。

5. 煮6分钟后，关火，尝一下味道。根据个人喜好，可酌情添加蜂蜜。

6. 用小火再煮2分钟。注意边煮边搅拌。

加入生姜汁后，略感清爽的辣味，
可缓解酷暑对身体造成的影响

日本梨＋白心柚子＋生姜汁

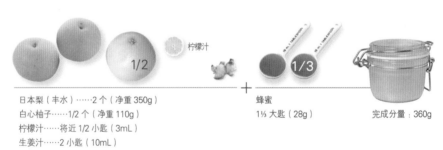

柠檬汁

日本梨（丰水）……2个（净重350g）
白心柚子……1/2个（净重110g）
柠檬汁……将近1/2小匙（3mL）
生姜汁……2小匙（10mL）

＋

蜂蜜
1⅓大匙（28g）

完成分量：360g

1. 梨去皮，除去梨核。把果肉切成边长5~8mm块状。

2. 把步骤1的食材放进小锅里，裹上蜂蜜，放置15分钟。

3. 柚子去除柚络，把果肉横着切成4块。

4. 把步骤3的食材和柠檬汁加入步骤2的食材里，用中火煮。

5. 煮沸后，换成小火，边煮边搅拌。

6. 煮6分钟后，加入生姜汁搅拌。关火，尝一下味道。根据个人喜好，可酌情添加蜂蜜。

7. 用小火再煮2分钟。注意边煮边搅拌。

日本梨＋白心柚子＋生姜汁

日本梨蜂蜜果酱

洋梨

最具代表的洋梨原产法国，口感不像日本梨一样有脆脆的感觉，而是多汁，入口即化。它有浓郁的香味和甜味。洋梨和蜂蜜搭配到一起，口感更甜，制作果酱时，搭配有酸味的洋梨，会让你享受到润滑的果肉感和淡淡的甜味。

洋梨＋红山莓＋黑加仑甜香酒

洋梨蜂蜜果酱

洋梨＋黑布林＋玫瑰红葡萄酒

洋梨蜂蜜果酱

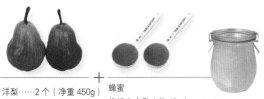

洋梨……2 个（净重 450g）
水……4 大匙（60mL）

＋

蜂蜜
将近 2 大匙（约 40g）

完成分量：380g

1. 将完全成熟的洋梨带皮切成两半，梨核周围的果肉用小刀或者勺子取出，然后去皮。把果肉竖着进行 6 等分，然后再切成边长 1 ~ 1.2cm 的块状。
2. 把步骤 1 的食材放进小锅里，裹上蜂蜜，放置 15 分钟。
3. 往步骤 2 里加入水，用中火煮。
4. 煮沸后，换成小火，边煮边搅拌。
5. 煮 8 分钟后，关火，尝一下味道。根据个人喜好，可酌情添加蜂蜜。
6. 用小火再煮 4 分钟。注意边煮边搅拌。

酸味适中的洋梨搭配玫瑰红葡萄酒，
瞬间提升质感和口味

洋梨＋黑布林＋玫瑰红葡萄酒

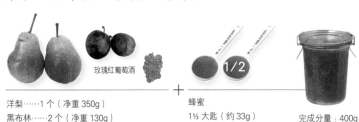

玫瑰红葡萄酒

＋

蜂蜜
1½ 大匙（约 33g）

完成分量：400g

洋梨……1 个（净重 350g）
黑布林……2 个（净重 130g）
玫瑰红葡萄酒……4 大匙（60mL）

1. 参照洋梨蜂蜜果酱的制作步骤 1。
2. 使用完全成熟变软的黑布林。把小刀插入，旋转一周，切成两半。去核后把切成两半的部分连果皮竖着进行 8 等分。
3. 把所有的食材放进小锅里，用中火煮。
4. 煮沸后，换成小火，边煮边搅拌。
5. 煮 8 分钟后，关火，尝一下味道。根据个人喜好，可酌情添加蜂蜜。
6. 用小火再煮 4 分钟。注意边煮边搅拌，不要粘住锅底了。

红山莓的酸味搭配黑加仑甜香酒的香味，
更能令人品尝到秋天的味道

洋梨＋红山莓＋黑加仑甜香酒

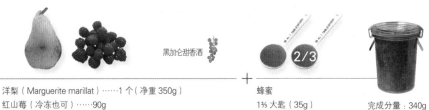

黑加仑甜香酒

＋

蜂蜜
1⅓ 大匙（35g）

完成分量：340g

洋梨（Marguerite marillat）……1 个（净重 350g）
红山莓（冷冻也可）……90g
水……3 大匙（45mL）
黑加仑甜香酒……1 小匙（5mL）

1. 参照洋梨蜂蜜果酱的制作步骤 1。
2. 把步骤 1 的食材、红山莓、蜂蜜和水都放进小锅里搅拌，用中火煮。
3. 煮沸后，换成小火，边煮边搅拌。
4. 煮 8 分钟后，关火，尝一下味道。根据个人喜好，可酌情添加蜂蜜。
5. 用小火再煮 4 分钟。注意边煮边搅拌，不要粘住锅底了。
6. 关火，最后加入黑加仑甜香酒，搅拌。

> 洋梨完全成熟时，皮一般呈现黄色，散发出香味。在梨梗处轻轻摁一下，感觉软了就可以用了。

板栗

板栗不仅是一种餐后零食，还广泛用于各类料理中。板栗饭也是秋天非常受欢迎的一道美味。板栗的种类大致有日本栗、中国栗、欧洲栗和美国栗等。下面，我们制作的是有日本栗特有的清甜风味的果酱。

板栗蜂蜜果酱

 +

板栗……500g（净重330g）
水……2½ 杯（500mL）

蜂蜜
1/4 杯略多（约74g）　完成分量：490g

1. 把板栗硬壳和内皮都剥去。

2. 把步骤 1 的食材放进小锅里，加水煮。煮沸后再煮 13 分钟。

3. 把步骤 2 煮过的水转移到小盆里，称一下重量。加到 120mL，可使用分量外的水。

4. 煮过的板栗用捣碎器捣碎，基本上呈颗粒状即可。

5. 把步骤 3 的食材和蜂蜜加入步骤 4 捣碎的板栗里搅拌，盖上盖子用中火煮。煮 2 分钟后，取下盖子用小火煮。煮的过程中需要用木铲搅拌。

6. 煮 5 分钟后，关火，尝一下味道。根据个人喜好，可酌情添加蜂蜜。

7. 最后取下盖子用中火煮，用木铲搅拌，再加热 1 分钟，蒸发水分。

- 板栗小的话果肉量比较少，可挑选大一点的板栗。
- 加热时，果肉容易飞溅，必须盖上盖子。
- 板栗含有淀粉，容易发酵，不适合长期保存，需尽早食用（放冰箱里可以保存一两个月）。

[食谱]

板栗蜂蜜果酱 + 可丽饼

在做好的可丽饼上面涂上板栗蜂蜜果酱，两次对折。根据个人喜好也可加入含少量砂糖的鲜奶油，或者再加点板栗蜂蜜果酱，撒点橘子皮。使用含有橘子皮的洋酒能更加提升风味，冷冻后也一样美味。

板栗风味搭配苹果白兰地，优雅又有品位

板栗+卡巴度斯苹果酒

卡巴度斯苹果酒

板栗……500g（净重 330g）
水……2½ 杯（500mL）
卡巴度斯苹果酒（苹果白兰地）……1 大匙（15mL）

+

蜂蜜
1/4 杯（约 74g）

完成分量：490g

1. 把板栗硬皮和内皮都剥去。

2. 把步骤 1 的食材放进小锅里，加水煮。煮沸后再煮 13 分钟。

3. 把步骤 2 煮过的水转移到小盆里，称一下重量。加到 110mL，可使用分量外的水。

4. 煮过的板栗用捣碎器捣碎，基本上呈颗粒状即可。

5. 把步骤 3 的食材和蜂蜜加入步骤 4 里搅拌，盖上盖子用中火煮。煮 2 分钟后，取下盖子用小火煮。煮的过程中需要用木铲搅拌。

6. 煮 5 分钟后，关火，尝一下味道。根据个人喜好，可酌情添加蜂蜜。

7. 取下盖子用中火煮，用木铲搅拌，再加热 1 分钟，蒸发水分。

8. 关火，最后加入卡巴度斯苹果酒，搅拌。

板栗含有淀粉，容易发酵，不适合长期保存，需尽早食用（放冰箱里可以保存一两个月）。

柿子蜂蜜果酱

柿子＋脐橙

柿子

柿子上市预示着深秋已经来临。制作蜂蜜果酱时，可使用甜度适中、果实稍硬的柿子品种。太甜的柿子制作果酱会产生像芝麻一样的黑点，如柿饼般。

柿子蜂蜜果酱

柿子……3 个（净重 350g）
水……3/5 杯略多（130mL）

＋ 蜂蜜
2½ 小匙（17.5g）

完成分量：370g

1. 把柿子竖着切成两半，去皮去核。切成厚 3mm 的薄片，然后再进行 2 或 3 等分。

2. 把所有的食材放进小锅里，用木铲子搅拌，用中火煮。

3. 煮沸后，换成小火。边煮边搅拌。

4. 煮 7 分钟后，关火，尝一下味道。根据个人喜好，可酌情添加蜂蜜。

5. 再用小火煮 2 分钟。注意边煮边搅拌。

做好后也许会感觉有点稀，晾凉凝固后就成稠糊状了。

甜味充足的柿子，搭配醇厚香味的脐橙，
味道好极了

柿子 + 脐橙

柿子……2 个（净重 300g）
脐橙……1 个（净重 110g）
水……3⅓ 大匙（50mL）

＋ 蜂蜜
1⅔ 小匙略多（约 12g）

完成分量：350g

1. 把柿子竖着切成两半，去皮去核。切成厚 2～3mm 的薄片，然后再进行 2 或 3 等分。

2. 脐橙去除橙络，横着切成 4 块。

3. 把步骤 1、2 的食材和蜂蜜、水放进小锅里，用木铲搅拌，用中火煮。

4. 煮沸后，换成小火。边煮边搅拌。

5. 煮 7 分钟后，关火，尝一下味道。根据个人喜好，可酌情添加蜂蜜。

6. 再用小火煮 2 分钟。注意边煮边搅拌。

苹果＋红山莓

苹果＋白葡萄酒

94

苹果

苹果虽是秋季的时令水果，但是四季常见。苹果醋、苹果茶等，从甜点到料理，都有苹果的身影。它适合在比较暖和的地域栽培，最近新增了口味酸甜、香味馥郁的新品种。这里，推荐使用甜度大、果汁多的富士苹果和酸甜均衡的秋映苹果制作果酱。

苹果搭配白葡萄酒制作的果酱有着馥郁、醇厚的口感

苹果 + 白葡萄酒

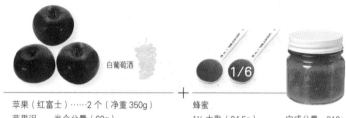

苹果（红富士）……2 个（净重 350g）
苹果泥……半个分量（60g）
白葡萄酒（尼亚加拉）……4 大匙（60mL）

蜂蜜
1⅙ 大匙（24.5g）

完成分量：310g

1. 把苹果进行 8 等分，去苹果核。连皮切成厚 3mm 左右的薄片。把半个苹果连果皮一起做成苹果泥。
2. 把所有的食材放进小锅里，用木铲搅拌，用中火煮。
3. 煮沸后，换成小火。边煮边搅拌。
4. 煮 8 分钟后，关火，尝一下味道。根据个人喜好，可酌情添加蜂蜜。
5. 再用小火煮 2 分钟。注意边煮边搅拌。

9 月下旬到 10 月下旬是秋映苹果上市的时期。
制作果酱时搭配浆果的酸味，口感极好

苹果 + 红山莓

苹果（秋映）……2 个（净重 350g）
冷冻红山莓……100g
水……3⅓ 大匙（50mL）

蜂蜜
1 大匙（21g）

完成分量：380g

1. 把苹果进行 8 等分，去苹果核。连皮切成厚 3mm 左右的薄片。把苹果做成苹果泥。
2. 把所有的食材放进小锅里，用木铲搅拌，用中火煮。
3. 煮沸后，换成小火。边煮边搅拌。
4. 煮 7 分钟后，关火，尝一下味道。根据个人喜好，可酌情添加蜂蜜。
5. 再用小火煮 2 分钟。注意边煮边搅拌，不要粘住锅底了。

葡萄去皮、去籽儿

使用葡萄制作果酱时，需要提前将葡萄去皮、去籽儿。煮时，连葡萄皮一起煮，会提升其色、香、味。

1. 把葡萄一颗颗掰下来，用热水烫30秒左右，搅拌一下。
   ● 使用大点的浅底锅烫，可缩短时间。水基本上能够覆盖葡萄即可。

2. 捞出来去皮。皮可以留一些用来做果酱。
   ● 葡萄皮可能会令手指染色，可戴上手套再去皮。

3. 把小刀从中间插进葡萄里，去籽儿。
   ● 无籽儿葡萄，也需要从中间切开，容易熬煮。

像阳光玫瑰葡萄这种皮比较薄的品种，掰下葡萄之后，直接从掰的地方切入，会更好去皮。

冬

Winter

橘子

　　到了 12 月至翌年 1 月，橘子也完
全成熟了，甜度、口感余味增加。制作
果酱时，多添加点柠檬汁，会比较清爽，
酸甜均衡。早熟橘子甜味不足，可增加
蜂蜜用量。

橘子蜂蜜果酱

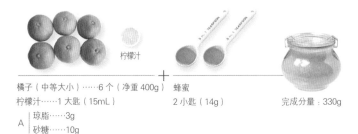

柠檬汁

橘子（中等大小）……6 个（净重 400g）　蜂蜜
柠檬汁……1 大匙（15mL）　　　　　　2 小匙（14g）　　　　完成分量：330g

A ┌ 琼脂……3g
　└ 砂糖……10g

〈添加琼脂的果酱〉
· 因为添加有砂糖和蜂蜜，所以考虑其甜度，
　需要控制琼脂的用量。
· 做好时可能有点稀。但是晾凉之后凝固了，
　就成稠糊状了。

●事先准备：提前搅拌好食材 A。

1. 橘子去皮，横着切成两半。不用去除橘络，一瓣一瓣掰开放进搅拌机里搅碎。

2. 把除食材 A 以外的所有食材放进小锅里搅拌，用中火煮。

3. 煮沸后，换成小火。边煮边搅拌。去除上面的浮沫。

4. 煮 5 分钟后，关火，尝一下味道。根据个人喜好，可酌情添加蜂蜜。

5. 加入混合好的食材 A。为了使其完全溶解进去，搅拌的同时，再加热 1 分钟。

[食谱]

橘子蜂蜜果酱 + 热红酒

德国产的热红酒（Glühwein），除了常用的红葡萄酒以外，也可使用白葡萄酒代替。把葡萄酒倒进小锅里，放入适量八角和丁香煮一下，可加入蜂蜜或者棕色砂糖。煮沸后放入肉桂粉，转小火煮 10 分钟左右即完成。然后加入橘子蜂蜜果酱，也可添加柠檬或者切成薄片的苹果。如果红葡萄酒过浓，可加入适量的水稀释。

玫瑰红葡萄酒搭配黑加仑甜香酒，
可做成口感醇厚的果酱

橘子 + 玫瑰红葡萄酒 + 黑加仑甜香酒

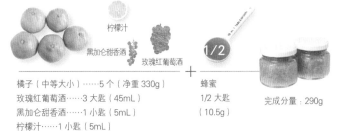

柠檬汁

黑加仑甜香酒　玫瑰红葡萄酒

1/2

橘子（中等大小）……5 个（净重 330g）　蜂蜜
玫瑰红葡萄酒……3 大匙（45mL）　　　　1/2 大匙
黑加仑甜香酒……1 小匙（5mL）　　　　（10.5g）　　　完成分量：290g
柠檬汁……1 小匙（5mL）

A ┌ 琼脂……2.8g
　└ 砂糖……10g

●事先准备：提前搅拌好食材 A。

1. 橘子去皮，横着切成两半。不用去除橘络，一瓣一瓣掰开放进搅拌机里搅碎。

2. 把步骤 1 的食材和玫瑰红葡萄酒、蜂蜜放进小锅里搅拌，用中火煮。

3. 煮沸后，换成小火。边煮边搅拌。

4. 煮 5 分钟后，关火，尝一下味道。根据个人喜好，可酌情添加蜂蜜。

5. 加入混合好的食材 A。为了使其完全溶解进去，搅拌的同时，再加热 1 分钟。

6. 关火，最后添加黑加仑甜香酒和柠檬汁，搅拌。

红富士苹果独特的甜味更能提升橘子的酸味

橘子 + 苹果

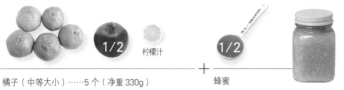

橘子（中等大小）……5 个（净重 330g）
苹果（红富士）……1/2 个（净重 120g）
柠檬汁……1 小匙（5mL）

蜂蜜
1/2 大匙（10.5g） 完成分量：290g

1. 橘子去皮，横着切成两半。不用去除橘络，一瓣一瓣掰开放进搅拌机里搅碎。

2. 苹果去核，连皮一起做成苹果泥。

3. 把步骤 1、2 的食材和蜂蜜一起放进小锅里搅拌，用中火煮。

4. 煮沸后，换成小火。边煮边搅拌。去除上面的浮沫。

5. 煮 5 分钟后，加入柠檬汁搅拌。关火，尝一下味道。根据个人喜好，可酌情添加蜂蜜。

6. 再用小火煮 2 分钟。

> 如果添加了苹果泥，不用琼脂
> 也可把果酱做成稠糊状。

菠萝的甜味和丁香的独特辛辣香味
搭配起来，美味至极

橘子 + 菠萝 + 丁香

橘子（中等大小）……5 个（净重 330g）
菠萝……果肉 1/8 个分量（60g）+ 果汁 1/8 个
　　　的分量（20mL）
丁香……7 粒
柠檬汁……1 小匙（5mL）
A 琼脂……2.3g
　砂糖……10g

蜂蜜
1/2 大匙
（10.5g）

完成分量：280g

〈添加琼脂的果酱〉
· 因为添加有砂糖和蜂蜜，所以考虑其甜度，需要控制琼脂的用量。
· 做好时可能有点稀。但是琼凉之后凝固了，就成稠糊状了。

●事先准备：提前搅拌好食材 A。

1. 橘子去皮，横着切成两半。不用去除橘络，一瓣一瓣掰开放进搅拌机里搅碎。

2. 1/4 个菠萝切成两半，一半切成边长 5mm 的块状。剩下的果肉切碎，用木铲摁压，做成菠萝果汁。

3. 把步骤 1、2 的食材和蜂蜜、丁香一起放进小锅里搅拌，用中火煮。

4. 煮沸后，换成小火。边煮边搅拌。去除上面的浮沫。

5. 煮 7 分钟后，加入柠檬汁搅拌。关火，尝一下味道。根据个人喜好，可酌情添加蜂蜜。

6. 加入混合好的食材 A。为了使其完全溶解进去，搅拌的同时，再加热 1 分钟。

橘子＋苹果

橘子＋菠萝＋丁香

柠檬 + 脐橙

柠檬蜂蜜果酱（带果皮）

柠檬

柠檬独特的酸味，可用于很多地方。香酸柑橘的代表，富含维生素 C。添加甜味的白葡萄酒，可缓解酸味，制作出清爽、酸甜可口的饮料。如果用的是进口柠檬，要好好清洗外皮后再使用。日本产的柠檬一般冬天上市。

柠檬蜂蜜果酱（带果皮）

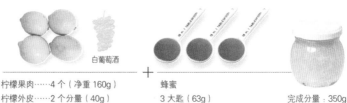

白葡萄酒

柠檬果肉……4 个（净重 160g）
柠檬外皮……2 个分量（40g）
白葡萄酒（尼加亚拉）……170mL
A　琼脂……4.7g
　　砂糖……10g

＋

蜂蜜
3 大匙（63g）

完成分量：350g

●事先准备 1：前一天果皮去除苦味（参照第 42 页）。

●事先准备 2：提前搅拌好食材 A。

1. 处理柠檬果肉，留下需要使用的柠檬果皮，去除苦味后的果皮切成细丝。

2. 把除食材 A 以外的食材都放进小锅里搅拌，用中火煮。

3. 煮沸后，换成小火。边煮边搅拌。去除上面的浮沫。

4. 煮 5 分钟后，关火，尝一下味道。根据个人喜好，可酌情添加蜂蜜。

5. 加入混合好的食材 A。为了使其完全溶解进去，搅拌的同时，再加热 1 分钟。

〈添加琼脂的果酱〉
· 因为添加有砂糖和蜂蜜，所以考虑其甜度，需要控制琼脂的用量。
· 做好时可能有点稀。但是晾凉之后凝固了，就成稠糊状了。

甜甜的脐橙散发出的香味，
让柠檬果酱更加清爽可口

柠檬 + 脐橙

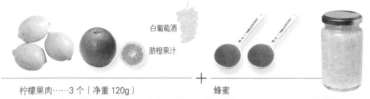

白葡萄酒

脐橙果汁

柠檬果肉……3 个（净重 120g）
脐橙……1 个 净重100g + 果汁 1/2 个的分量（50mL）2 大匙（42g）
白葡萄酒（尼加亚拉）……4⅔ 大匙（70mL）
A　琼脂……4g
　　砂糖……10g

＋

蜂蜜

完成分量：280g

●事先准备：提前搅拌好食材 A。

1. 处理柠檬果肉。

2. 脐橙去除橙络，处理果肉。1/2 个脐橙通过榨汁机榨取果汁。

3. 把除食材 A 以外的食材都放进小锅里搅拌，用中火煮。

4. 煮沸后，换成小火。边煮边搅拌。去除上面的浮沫。

5. 煮 6 分钟后，关火，尝一下味道。根据个人喜好，可酌情添加蜂蜜。

6. 加入混合好的食材 A。为了使其完全溶解进去，搅拌的同时，再加热 1 分钟。

柚子蜂蜜果酱

柚子＋红心柚子＋薄荷甜香酒

柚子

柚子体积较大,在日本又被称为"朱栾""文旦"等。白色柚络的部分很早就开始腌制食用,很受欢迎。它具有清爽的甜味,没有苦味,果肉润滑、有质感。

柚子蜂蜜果酱

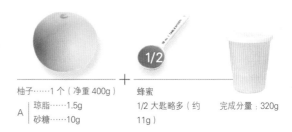

柚子……1 个（净重 400g）

A 琼脂……1.5g
砂糖……10g

蜂蜜
1/2 大匙略多（约 11g）

完成分量：320g

1. 柚子去皮,除去柚络,去籽儿,横着切成 4 块。
2. 把除食材 A 以外的食材都放进小锅里搅拌,用中火煮。
3. 煮沸后,换成小火。边煮边搅拌。
4. 煮 5 分钟后,关火,尝一下味道。根据个人喜好,可酌情添加蜂蜜。
5. 再用小火煮 1 分钟。
6. 加入混合好的食材 A。为了使其完全溶解进去,搅拌的同时,再加热 1 分钟。

〈添加琼脂的果酱〉
· 因为添加有砂糖和蜂蜜,所以考虑其甜度,需要控制琼脂的用量。
· 做好时可能有点稀。但是琼凉之后凝固了,就变稠糊状了。

甘甜的红心柚子搭配清凉、芬芳的薄荷,更使柚子蜂蜜果酱增添了一股清凉感

柚子 + 红心柚子 + 薄荷甜香酒

薄荷甜香酒

柚子……1 个（净重 380g）
红心柚子……1/2 个（净重 80g）
薄荷甜香酒（白色）……1⅓ 大匙（20mL）

A 琼脂……1.8g
砂糖……10g

蜂蜜
1/2 大匙（约 12g）

完成分量：400g

●事先准备：提前搅拌好食材 A。
1. 柚子和红心柚子分别去皮,除去柚络,去籽儿,横着切成 4 块。
2. 把步骤 1 的食材、蜂蜜都放进小锅里搅拌,用中火煮。
3. 煮沸后,换成小火。边煮边搅拌。去除上面的浮沫。
4. 煮 5 分钟后,关火,尝一下味道。根据个人喜好,可酌情添加蜂蜜。
5. 再用小火煮 1 分钟。
6. 加入混合好的食材 A。为了使其完全溶解进去,搅拌的同时,再加热 1 分钟。
7. 关火,最后加入薄荷甜香酒,搅拌。

如果感觉薄荷的香味有点淡,可再添加 5mL 薄荷甜香酒,共计 25mL。

凸顶柑

　　每年 2 ~ 4 月就迎来了吃凸顶柑（Dekopon）的季节。它顶部凸起，在柑橘品种中非常稀有。凸顶柑不是太酸，果汁有着醇厚的、甜甜的口感，也特别容易去皮。

凸顶柑蜂蜜果酱

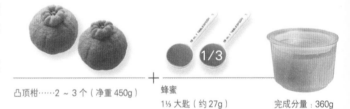

凸顶柑……2 ~ 3 个（净重 450g）

蜂蜜
1⅓ 大匙（约 27g）

完成分量：360g

1. 凸顶柑处理果肉，横着切成 4 块。
2. 把所有的食材都放进小锅里搅拌，用中火煮。
3. 煮沸后，换成小火。边煮边搅拌。
4. 煮 5 分钟后，关火，尝一下味道。根据个人喜好，可酌情添加蜂蜜。
5. 再用小火煮 3 分钟。

甜甜的香草和有着淡淡香味的肉桂粉，让整个冬季变得非常温暖

凸顶柑 + 香草 + 肉桂粉

凸顶柑……2～3个（净重450g）
香草荚……1/2根
肉桂粉……0.2g

蜂蜜
1⅓ 大匙（约27g）

完成分量：360g

1. 凸顶柑处理果肉，横着切成4块。

2. 把步骤1的食材和蜂蜜都放进小锅里搅拌。然后把香草荚里取出的香草籽也放进去，用中火煮。

3. 煮沸后，换成小火。边煮边搅拌。

4. 煮5分钟后，关火，尝一下味道。根据个人喜好，可酌情添加蜂蜜。

5. 再用小火煮3分钟。

6. 关火，取出香草荚，最后加入肉桂粉，搅拌。

水果组合

　　把几种水果组合到一起，更让我们感觉到季节的重要性。当然，水果的味道各有特色，和把所有水果混合起来相比，稍微保留不同水果各自的风味会好一点。较甜的水果添加酸味水果，可产生清爽的口感。可将各种水果灵活搭配。另外，为了凸显四季水果口感分明的特点，让人们感受四季的变化，可在制作时添加甜香酒或调味品，调出华丽的口感。干果有着浓缩的口感，葡萄酒可增加不同的风味,增添果酱的美味。从自己身边的时令水果开始,尝试各种各样的水果组合吧!

四季

All seasons

香蕉

四季都可吃到的香蕉，没有去籽儿的烦恼，只需要剥皮即可，不仅携带方便，而且还是百搭水果。制作果酱时，推荐使用厄瓜多尔产的略带酸味的香蕉。加入葡萄酒后，提升了其香味、风味、口感。炒煮的时候注意不要炒焦了，需要用木铲子不断搅拌。

> 使用完全成熟的香蕉，外皮稍微出现出茶色斑点时为好。

香蕉蜂蜜果酱

柠檬汁　白葡萄酒

+

蜂蜜
2 小匙（14g）

完成分量：180g

香蕉（厄瓜多尔产）……3 根（净重 250g）
白葡萄酒（甜口味）……1⅓ 大匙（20mL）
柠檬汁……1/2 小匙略多（3mL）

1. 把香蕉切成厚 3 ~ 5mm 的圆片。
2. 把所有的食材放进不粘的平底锅里搅拌。用中火煮，边煮边用木铲子搅拌。
3. 煮 3 分钟后，换成小火，边煮边搅拌，炒煮 1 分钟。然后关火，尝一下味道。根据个人喜好，可酌情添加蜂蜜。
4. 再用小火加热 1 分钟。边加热边搅拌。

> ・晾凉之后再装进瓶子里。因为富含蛋白质分解酵素，所以容易发酵，不适合长期保存，宜尽早食用。
> ・不粘锅里含有聚四氟乙烯材质，受损的平底锅遇高温时，可能会不太安全。有的锅上面可能含有致癌的钛涂料或者全氟辛酸铵（PFOA），挑选时一定要注意。

[食谱]

香蕉蜂蜜果酱 + 肉桂吐司

在吐司上涂上黄油，撒上细砂糖和肉桂粉，然后切成两半，再涂上香蕉蜂蜜果酱（分量、制作方法如上）。肉桂的香味搭配香蕉的甜味和隐约的酸味，有着不一般的口感。也可使用含葡萄干的吐司。

搭配香味浓的阿方索芒果做出的果酱,
食用起来有种热带水果独有的味道

香蕉＋芒果

芒果泥

柠檬汁　　白葡萄酒

香蕉（厄瓜多尔产）……3 根（净重 250g）
芒果泥（阿方索、罐装）……100g
白葡萄酒（甜口味）……1⅓ 大匙（20mL）
柠檬汁……1/2 小匙（2.5mL）

＋

1/2

蜂蜜
1/2 大匙（10.5g）完成分量：280g

也可以使用冷冻的芒果泥,但是因为其制作
时添加有砂糖,所以制作果酱时需要控制蜂
蜜用量。

1. 把香蕉切成厚 3 ~ 5mm 的薄片。

2. 把步骤 1 的食材和蜂蜜、白葡萄酒、柠檬汁
放进平底锅里搅拌。用中火煮,边煮边用木
铲子搅拌。

3. 煮 3 分钟后,换成小火,加入芒果泥,边煮
边搅拌,炒煮 1 分钟。然后关火,尝一下味道。
根据个人喜好,可酌情添加蜂蜜。

4. 再用小火加热 1 分钟。边加热边搅拌。

有独特的甜香味的椰子和香蕉非常搭配，
有种南国风情

香蕉+椰子泥

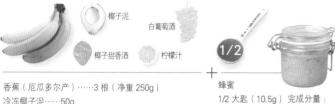

椰子泥

白葡萄酒

椰子甜香酒 柠檬汁

1/2

+

蜂蜜
1/2 大匙（10.5g）

香蕉（厄瓜多尔产）……3 根（净重 250g）

冷冻椰子泥……50g

白葡萄酒（甜口味）……1⅓ 大匙（20mL）

柠檬汁……1/2 小匙（2.5mL）

椰子甜香酒〔马利宝（Malibu）〕……2 小匙（10mL）

完成分量：
240g

冷冻的椰子泥也可以使用，但是因为其制作时添
加有砂糖，所以制作果酱时需要控制蜂蜜用量。
建议不要使用罐装的椰子泥，口感不是特别好。

1. 把香蕉切成厚 3 ~ 5mm 的薄片。

2. 把步骤 1 的食材和蜂蜜、白葡萄酒、柠檬汁放
   进平底锅里搅拌。用中火煮，边煮边用木铲子
   搅拌。

3. 煮 3 分钟后，换成小火，加入椰子泥，边煮边
   搅拌，炒煮 1 分钟。然后关火，尝一下味道。
   根据个人喜好，可酌情添加蜂蜜。

4. 再用小火加热 1 分钟。边加热边搅拌。

5. 关火，最后加入椰子甜香酒，搅拌。

奇异果

奇异果酸甜适中，果肉多汁，口感爽滑。奇异果的果实有绿色和金黄色两种。和糖度高、入口即化的黄金奇异果相比，用绿心奇异果制作果酱时，需要更多的蜂蜜，食用时也更能感受到水果更丰富的口感。奇异果的成熟期一般是从晚秋延续到冬天，建议使用甜度适中、完全成熟的奇异果制作果酱。

黄金奇异果蜂蜜果酱

绿心奇异果蜂蜜果酱

黄金奇异果＋红心柚子＋菠萝＋白朗姆酒

绿心奇异果蜂蜜果酱

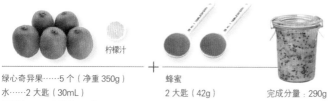

绿心奇异果……5 个（净重 350g）
水……2 大匙（30mL）
柠檬汁……1 小匙（5mL）

\+

蜂蜜
2 大匙（42g）

完成分量：290g

> 晾凉后装入瓶子里。因为富含蛋白质分解酵素，所以果酱容易发酵，不适合长期保存，宜尽早食用。

1. 奇异果去皮，切成厚 8mm 的圆片，再各自进行 5 等分，然后横着切成两半（图 1）。

2. 把步骤 1 的食材和蜂蜜、水都放进小锅里搅拌。用中火煮。

3. 煮沸后，换成小火，边煮边搅拌。

4. 煮 5 分钟后，换成小火，加入柠檬汁搅拌。关火，尝一下味道。根据个人喜好，可酌情添加蜂蜜。

5. 再用小火煮 2 分钟。

图 1

黄金奇异果蜂蜜果酱

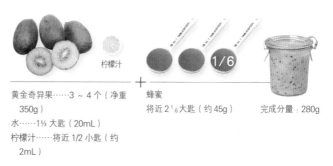

黄金奇异果……3 ~ 4 个（净重 350g）
水……1⅓ 大匙（20mL）
柠檬汁……将近 1/2 小匙（约 2mL）

\+

蜂蜜
将近 2¹⁄₆ 大匙（约 45g）

完成分量：280g

● 制作方法参照绿心奇异果蜂蜜果酱。

柚子的口感搭配菠萝的甜香，以及白朗姆酒的醇香，
更是提升了果酱的口感

> 除黄金奇异果之外的其他奇异果也可以使用。但是蜂蜜的用量稍微要增加一点。

黄金奇异果 + 红心柚子 + 菠萝 + 白朗姆酒

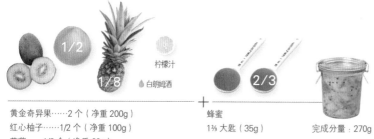

黄金奇异果……2 个（净重 200g）
红心柚子……1/2 个（净重 100g）
菠萝……1/8 个（净重 60g）
柠檬汁……将近 1/2 小匙（2mL）
白朗姆酒……1 大匙（15mL）

\+

蜂蜜
1⅓ 大匙（35g）

完成分量：270g

1. 参照绿心奇异果蜂蜜果酱的制作步骤 1。

2. 柚子去除柚络，保留果肉。只除去两侧的柚络，然后连皮横着切成 4 块。菠萝果肉切成细丝。

3. 把步骤 1、2 的食材和蜂蜜、柠檬汁都放进小锅里搅拌。用中火煮。

4. 煮沸后，换成小火，边煮边搅拌。

5. 煮 5 分钟后，关火，尝一下味道。根据个人喜好，可酌情添加蜂蜜。

6. 再用小火煮 2 分钟。

7. 关火，最后加入白朗姆酒，搅拌。

菠萝

菠萝是热带水果的代表。可以直接食用，也可做成果汁，或添加到蛋糕以及糖醋里脊里等，用途广泛。菠萝做成果酱时，能充分发挥其酸甜风味。煮时为了让果肉保持形状，可以切成薄片。

使用菠萝时，需放置至果皮变成黄色，这样才甜度较足。否则甜度不够。如果采摘时就已经完全成熟的话，需要尽早使用。

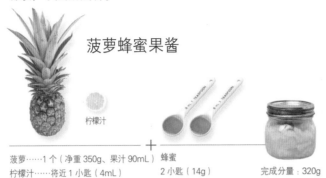

柠檬汁

菠萝蜂蜜果酱

菠萝……1 个（净重 350g、果汁 90mL）　　蜂蜜
柠檬汁……将近 1 小匙（4mL）　　　　　　2 小匙（14g）

完成分量：320g

1. 菠萝去皮，竖着进行 4 等分去除中心的芯。然后把果肉竖着进行三四等分。其中 3/4 的果肉切成厚 3 ~ 5mm 的薄片（图1）。其余的果肉弄碎，用木铲子挤出 90mL 的果汁。
2. 把所有的食材放进小锅里搅拌。用中火煮。
3. 煮沸后，换成小火，边煮边搅拌。
4. 煮 5 分钟后，关火，尝一下味道。根据个人喜好，可酌情添加蜂蜜。
5. 再用小火煮 2 分钟。

图 1

晾凉后装入瓶子里。因为富含蛋白质分解酵素，所以果酱容易发酵，不适合长期保存，宜尽早食用。

绿心奇异果的酸味可让菠萝果酱味道更佳、更清爽

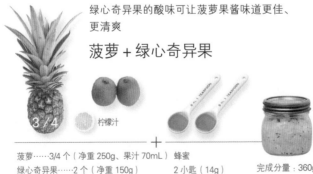

3/4　　柠檬汁

菠萝+绿心奇异果

菠萝……3/4 个（净重 250g、果汁 70mL）　　蜂蜜
绿心奇异果……2 个（净重 150g）　　　　　2 小匙（14g）
柠檬汁……1 小匙（4mL）

完成分量：360g

1. 菠萝去皮，竖着进行 4 等分去除中心的芯。然后把果肉竖着进行三四等分。其中 1/2 的果肉切成厚 3 ~ 5mm 的薄片，另外 1/4 的果肉弄碎，用木铲子挤出 70mL 的果汁。
2. 奇异果去皮，切成厚 8mm 的片状，然后各自行 5 等分，再横着切成两半（参照第 115 页）。
3. 把所有的食材放进小锅里搅拌。用中火煮。
4. 煮沸后，换成小火，边煮边搅拌。
5. 煮 5 分钟后，关火，尝一下味道。根据个人喜好，可酌情添加蜂蜜。
6. 再用小火煮 2 分钟。

菠萝＋绿心奇异果

菠萝蜂蜜果酱

干果

　　干果是一种健康的、可以长期存放的食品，非常受欢迎。它通过晾晒、腌制、真空冻结干燥等方法，将水果本身的甜酸风味和营养进行浓缩保存。推荐使用干果制作果酱。

放置一晚，坚果就变软了，
搭配苏丹娜葡萄干 (Sultana)，口感更佳

苏丹娜葡萄干 + 坚果

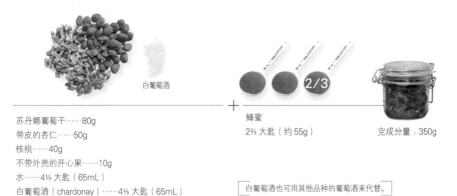

白葡萄酒

蜂蜜
2⅔ 大匙（约 55g）

完成分量：350g

苏丹娜葡萄干……80g
带皮的杏仁……50g
核桃……40g
不带外壳的开心果……10g
水……4⅓ 大匙（65mL）
白葡萄酒（chardonay）……4⅓ 大匙（65mL）

> 白葡萄酒也可用其他品种的葡萄酒来代替。

● 事先准备：把苏丹娜葡萄干放进水里，浸泡一晚，使其变软。

1. 把杏仁和核桃在 180℃的烤箱中烘烤 15 分钟，切碎。开心果直接切碎。

2. 把步骤 1 的食材和蜂蜜、白葡萄酒、泡好的葡萄干、水都放进小锅里搅拌。用中火煮。

3. 煮沸后，换成小火，边煮边搅拌。

4. 煮 5 分钟后，关火，尝一下味道。根据个人喜好，可酌情添加蜂蜜。

5. 再用小火煮 1 分钟。

> ・生的杏仁和核桃一定要烘烤后再使用。
> ・葡萄酒的酸味可使坚果慢慢变酸，做好的果酱不适合长期保存，宜尽早食用。

使用土耳其产的皮软、甜味浓的大颗粒无花果，
再添加玫瑰红葡萄酒，制作的果酱风味会更好

尽量避免使用果皮上有小黑粒的
黑色无花果干。

无花果干蜂蜜果酱

柠檬汁　　玫瑰红葡萄酒

完成分量：270g

无花果干（土耳其产）……150g
水……3/5 杯（120mL）
玫瑰红葡萄酒……2/5 杯（80mL）
柠檬汁……将近 1/2 小匙（2mL）

＋

蜂蜜
2½ 小匙略多（约 18g）

●事先准备：把切成边长 1cm 的块状无花果
干放进水里，浸泡一晚，使其变软。

1. 把蜂蜜、玫瑰红葡萄酒、泡好的无花果干
和水都放进小锅里搅拌。用中火煮。

2. 煮沸后，换成小火，边煮边搅拌。

3. 煮 5 分钟后，加入柠檬汁搅拌。关火，尝
一下味道。根据个人喜好，可酌情添加蜂蜜。

4. 再用小火煮 1 分钟。

使用软一点的黑布林干做出的果酱口味会更顺滑

黑布林干蜂蜜果酱

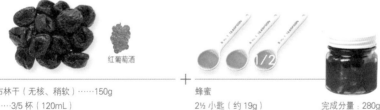

红葡萄酒

黑布林干（无核、稍软）……150g
水……3/5 杯（120mL）
红葡萄酒〔西拉（Syrah）〕……2/5 杯（80mL）

\+

蜂蜜
2½ 小匙（约 19g）

完成分量：280g

●事先准备：把切成边长 1cm 的块状黑布林干放进水里，浸泡 2 ~ 3 小时，使其变软。

1. 把蜂蜜、玫瑰红葡萄酒、泡好的黑布林干和水都放进小锅里搅拌。用中火煮。

2. 煮沸后，换成小火，边煮边搅拌。

3. 煮 5 分钟后，加入柠檬汁搅拌。关火，尝一下味道。根据个人喜好，可酌情添加蜂蜜。

4. 再用小火煮 1 分钟。

> 西拉是红葡萄酒的一种。没有的话，
> 也可使用其他口味清淡的葡萄酒代
> 替。

把 3 种葡萄干混合，山葡萄小颗粒的无籽儿葡萄干有着浓浓的甜味，更是提升了果酱的口感

葡萄干蜂蜜果酱

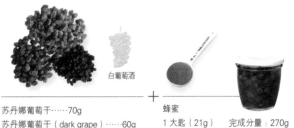

白葡萄酒

苏丹娜葡萄干……70g
苏丹娜葡萄干（dark grape）……60g
无籽儿葡萄干……30g
水……3/5 杯（120mL）
白葡萄酒（Chardonnay）
……3/5 杯（120mL）

+

蜂蜜
1 大匙（21g）　完成分量：270g

· 白葡萄酒也可用其他品种的葡萄酒来代替。
· 不添加琼脂，做好的果酱口味更清淡。

●事先准备：把 3 种葡萄干放进水里，浸泡一晚，使其变软。

1. 把蜂蜜、白葡萄酒、泡好的葡萄干和水都放进小锅里搅拌。用中火煮。

2. 煮沸后，换成小火，边煮边搅拌。

3. 煮 5 分钟后，关火，尝一下味道。根据个人喜好，可酌情添加蜂蜜。

4. 再用小火煮 2 分钟。

食谱

葡萄干加黄油、奶油奶酪

　　黄油置于常温下软化，奶油奶酪也要软化。分别加入葡萄干，用汤匙搅拌。放入容器中，可用来涂抹面包片，或者搭配喜欢的蜂蜜果酱食用。放入容器时，表面用刀背修整一下，看起来更漂亮。

杏干＋柑橘类水果

杏干蜂蜜果酱

杏干甜香酒可提升果酱的风味和醇厚的口感

杏干蜂蜜果酱

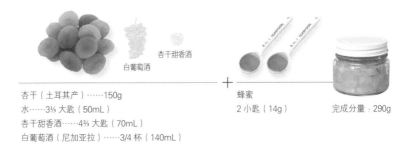

白葡萄酒

杏干甜香酒

杏干（土耳其产）……150g
水……3⅓ 大匙（50mL）
杏干甜香酒……4⅔ 大匙（70mL）
白葡萄酒（尼加亚拉）……3/4 杯（140mL）

蜂蜜
2 小匙（14g）　　完成分量：290g

●事先准备：把杏干甜香酒倒进水里，把切成边长 1cm 块状的杏干放进去，浸泡 4 小时左右，使其变软。

1. 把蜂蜜、白葡萄酒及泡好的杏干和水都放进小锅里搅拌。用中火煮。

2. 煮沸后，换成小火，边煮边搅拌。

3. 煮 5 分钟后，关火，尝一下味道。根据个人喜好，可酌情添加蜂蜜。

4. 再用小火煮 1 分钟。边煮边搅拌。

> 白葡萄酒也可使用其他甜口味的葡萄酒代替。

杏干的甜味搭配柑橘类水果的酸味，
带来了清凉的口感

杏干 + 柑橘类水果

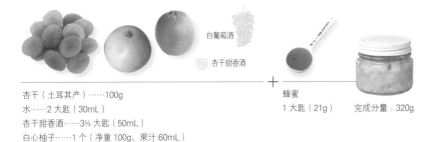

白葡萄酒

杏干甜香酒

杏干（土耳其产）……100g
水……2 大匙（30mL）
杏干甜香酒……3⅓ 大匙（50mL）
白心柚子……1 个（净重 100g、果汁 60mL）
巴伦西亚橙子（或者脐橙）……1 个（净重 100g）
白葡萄酒（尼加亚拉）……2/5 杯（80mL）

蜂蜜
1 大匙（21g）　　完成分量：320g

●事先准备：把杏干甜香酒倒进水里，把切成边长 1cm 块状的杏干放进去，浸泡 4 小时左右，使
其变软。

1. 把 1/2 个柚子的果肉处理好，去除柚络，进行 5 等分。剩下的柚子用榨汁机榨取 60mL 果汁。处
理脐橙果肉，去除橙络，进行 4 等分。

2. 把步骤 1 的食材及蜂蜜、白葡萄酒、泡好的杏干和水都放进小锅里搅拌。用中火煮。

3. 煮沸后，换成小火，边煮边搅拌。

4. 煮 5 分钟后，关火，尝一下味道。根据个人喜好，可酌情添加蜂蜜。

5. 再用小火煮 1 分钟。

青柠

青柠具有独特的强酸味和香味。制作果酱时，只用果肉，但需要多添加蜂蜜，然后加入白葡萄酒（尼亚加拉）。再加入磨碎的果皮，会更加新鲜，香味会更浓。

青柠蜂蜜果酱

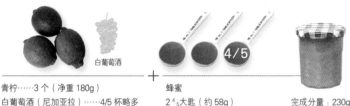

白葡萄酒

青柠……3 个（净重 180g）
白葡萄酒（尼加亚拉）……4/5 杯略多（170mL）
青柠皮（磨碎）……2 个分量
A 琼脂……6g
  砂糖……10g

蜂蜜
2⁴⁄₅大匙（约 58g）

完成分量：230g

如果没有料理机，可使用奶酪磨碎器或者萝卜磨碎器磨碎青柠皮。

〈添加琼脂的果酱〉
· 因为添加有砂糖和蜂蜜，所以考虑其甜度，需要控制琼脂的用量。
· 做好时可能有点稀。但是琼凉之后凝固了，就成稠糊状了。

●事先准备：提前搅拌好食材 A。
1. 把青柠竖着 4 等分，然后去皮。其中 2 个分量表面绿色的青柠皮用料理机磨碎。
2. 3 个青柠果肉全部取出橙络。
3. 把步骤 2 的食材和白葡萄酒、蜂蜜都放进小锅里搅拌。用中火煮。
4. 煮沸后，换成小火，边煮边搅拌。
5. 煮 5 分钟后，关火，尝一下味道。根据个人喜好，可酌情添加蜂蜜。
6. 加入混合好的食材 A。为了使其完全溶解进去，搅拌的同时，再加热 1 分钟。
7. 关火。最后将步骤 1 的食材添加进去，搅拌。

菠萝的甜香味和青柠的清爽香味融合在一起

青柠 + 菠萝

白葡萄酒

青柠……2 个（净重 120g）
菠萝……1/2 个（净重 80g、果汁 40mL）
白葡萄酒（尼加亚拉）……3⅓ 大匙（50mL）
青柠皮（磨碎）……1 个分量
A 琼脂……4.2g
  砂糖……10g

蜂蜜
1⅓ 大匙（28g）

完成分量：210g

琼凉之后再装进瓶子里。因为富含蛋白质分解酵素，所以容易发酵，不适合长期保存，宜尽早食用。

●事先准备：提前搅拌好食材 A。
1. 把青柠竖着 4 等分，然后去皮。表面绿色的外皮用料理机磨碎。
2. 2 个青柠果肉全部取出橙络。1/4 的菠萝果肉切成宽 5mm 的细丝。剩余的果肉切碎，用木铲子挤压，挤出 40mL 果汁。
3. 把步骤 2 的食材和白葡萄酒、蜂蜜都进小锅里搅拌。用中火煮。
4. 煮沸后，换成小火，边煮边搅拌。煮 5 分钟后，关火，尝一下味道。根据个人喜好，可酌情添加蜂蜜。
5. 用小火再煮 1 分钟。
6. 加入混合好的食材 A。为了使其完全溶解进去，搅拌的同时，再加热 1 分钟。关火。最后把步骤 1 的食材添加进去，搅拌。

青柠蜂蜜果酱

青柠＋菠萝

椰子 + 芒果

椰子蜂蜜果酱

128

椰子

将椰子的果实切开，然后插入一根吸管，就可以享用味道鲜美的椰子汁了。做果酱要使用的是冷冻椰子泥。它风味独特，口感更上一层楼，只是含糖量高，要控制一下蜂蜜的用量。罐装的椰子泥味道较差，尽量少用。加入椰子粉，口感会更加细腻。

冷冻椰子泥

椰子蜂蜜果酱

椰子泥、椰子粉

椰子泥（冷冻）……250g
椰子粉……30g

蜂蜜
1/2 大匙（10.5g）　完成分量：210g

1. 把所有的食材放进小锅里搅拌，用中火煮。

2. 煮沸后换成小火，边煮边搅拌。

3. 煮 5 分钟后，关火，尝一下味道。根据个人喜好，可酌情添加蜂蜜。

4. 用小火再煮 1 分钟。边煮边搅拌。

> • 晾凉之后再装进瓶子里。因为富含蛋白质分解酵素，所以果酱容易发酵，不适合长期保存，宜尽早食用。
> • 冷藏后，椰子油会浮在表面并凝固起来。食用前常温解冻即可。

椰子、芒果搭配到一起，会有甜甜的口感

椰子 + 芒果

椰子泥、椰子汁　芒果泥

椰子泥（冷冻）……200g
椰子汁……2⅔ 大匙（40mL）
芒果泥（阿克苏，罐装）……110g
A ⎰ 琼脂……2.5g
　⎱ 砂糖……5g

蜂蜜
1/2 小匙（3.5g）　完成分量：240g

●事先准备：提前搅拌好食材 A。

1. 把所有的食材放进小锅里搅拌，用中火煮。

2. 煮沸后换成小火，边煮边搅拌。

3. 煮 5 分钟后，关火，尝一下味道。根据个人喜好，可酌情添加蜂蜜。

4. 加入混合好的食材 A。为了使其完全溶解进去，搅拌的同时，再加热 1 分钟。

> 〈添加琼脂的果酱〉
> • 因为添加有砂糖和蜂蜜，所以要考虑其甜度，需要控制琼脂的用量。
> • 做好时可能有点稀。但是晾凉之后凝固了，就成稠糊状了。

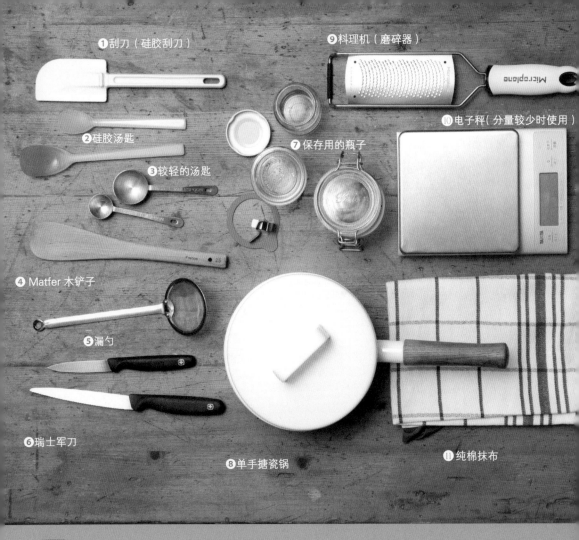

❶刮刀（硅胶刮刀）

❾料理机（磨碎器）

❿电子秤（分量较少时使用）

❷硅胶汤匙

❼保存用的瓶子

❸较轻的汤匙

❹ Matfer 木铲子

❺漏勺

❻瑞士军刀

❽单手搪瓷锅

⓫纯棉抹布

[专栏]

各种工具

① 一体的刮刀，不能拆开，不容易弄脏。

② 耐热性好，用于制作果酱时，边加热边搅拌。如图，使用叶红素染色的汤匙在使用过程中可能会变薄。图中最小的勺子用来舀有黏度的果酱。

③ 用来舀测量好的蜂蜜很方便，口径比较宽，而且浅。

④ 木铲子容易握住。铲子不是很宽，搅拌起来很方便。

⑤ 不锈钢材质，细网眼。

⑥ 可选择长刀刃的，也可选择短刀刃的。用于去除蔬菜芯或者葡萄籽儿。

⑦ 选择金属材质的固定盖子。内衬不太好的情况下，可挑选其他材质的。

⑧ 耐酸的搪瓷锅，选择直径 17 ~ 18cm 的效果比较好。

⑨ 用于去除青柠等水果的外皮。

⑩ 以 0.1g 为计量单位时，可精准微量测量。用于称琼脂时比较方便。

⑪ 耐热好，100% 的纯棉。

蔬菜

Vegetables

番茄 + Soldum 红布林

番茄蜂蜜果酱

番茄

番茄色彩鲜艳、富含水分，营养价值高，是非常受欢迎的蔬菜之一。市场上的番茄种类繁多。比如中玉番茄，介于大玉番茄和迷你番茄之间，有股香甜味，皮薄，不用开水烫，可以直接剥掉。用番茄做果酱时，要注意和蜂蜜用量的平衡。

番茄蜂蜜果酱

中玉番茄……12 个（净重 400g）
柠檬汁……1 小匙（5mL）

+ 蜂蜜
1½ 大匙（约 33g）

完成分量：210g

1. 番茄去蒂后，竖着切成两半，然后再竖着 4 等分。
2. 把所有的食材放进小锅里搅拌，用中火煮。
3. 煮沸后换成小火，边煮边搅拌。去除上面的浮沫。
4. 煮 10 分钟后，关火，尝一下味道。根据个人喜好，可酌情添加蜂蜜。
5. 小火再煮 5 分钟，使水分蒸发。

〔食谱〕

番茄奶酪吐司

切成薄片的孔泰奶酪放到面包上，用烤箱烘烤至其熔化，然后添加适量的番茄蜂蜜果酱。孔泰奶酪加热后，很好熔化，常用于制作法国三明治。

添加 Soldum 红布林做成果泥状，
可当调味汁或者色拉调料使用

番茄 + Soldum 红布林

中玉番茄……8 个（净重 250g）
Soldum 红布林……2 个（净重 150g）
A 琼脂……1.5g
  砂糖……10g

+ 蜂蜜
3⅓ 小匙（约 25g）

完成分量：260g

●事先准备：提前搅拌好食材 A。

1. Soldum 红布林处理好果肉（参照第 16 页）。不要果皮。
2. 番茄去蒂后，竖着切成两半，然后再竖着 4 等分。
3. 把除食材 A 以外的食材都放进小锅里搅拌，用中火煮。
4. 煮沸后换成小火，边煮边搅拌。去除上面的浮沫。
5. 煮 8 分钟后，关火，尝一下味道。根据个人喜好，可酌情添加蜂蜜。
6. 加入混合好的食材 A。为了使其完全溶解进去，搅拌的同时，再加热 1 分钟。

〈添加琼脂的果酱〉
· 因为添加了砂糖和蜂蜜，所以考虑其甜度，需要控制琼脂的用量。
· 做好时可能有点稀。但是晾凉之后凝固了，就成稠糊状了。

胡萝卜蜂蜜果酱

胡萝卜＋橙子＋豆蔻

胡萝卜

胡萝卜经常和洋葱、土豆一起出现在人们的视野当中，是生活中的常备蔬菜。胡萝卜的亮丽橙色给饭菜、甜点增加了美感。制作果酱时，营养丰富的胡萝卜皮也可以一起煮，做成果泥状。在制作胡萝卜蜂蜜果酱时，添加白葡萄酒可去除胡萝卜的青涩味，方便食用。

胡萝卜蜂蜜果酱

柠檬汁　白葡萄酒

＋

胡萝卜……2 小根（净重 250g）
水……1¼ 杯（250mL）
白葡萄酒（Chardonnay）……3⅓ 大匙（50mL）
柠檬汁……1/2 大匙（7.5mL）

蜂蜜
3 大匙（约 65g）　　　　　完成分量：320g

●事先准备：煮胡萝卜，做成果泥状：

①把胡萝卜的根处理一下，连皮竖着 4 等分，切成薄片。

②把步骤①的食材放入小锅里，加入水煮一下。煮沸后再小火煮 10 ~ 12 分钟（可用竹签试一下是否煮透）。

③步骤②的食材基本晾凉之后，连煮的汤水一起倒入食物搅拌机里，做成果泥状。

1. 把果泥状的胡萝卜、蜂蜜和白葡萄酒都放进小锅里搅拌，用中火煮。

2. 煮沸后换成小火，边煮边搅拌。去除上面的浮沫。

3. 煮 5 分钟后，关火。加入柠檬汁搅拌，尝一下味道。根据个人喜好，可酌情添加蜂蜜。

4. 小火再煮 1 分钟。

> 没有白葡萄酒时，也可使用其他口味清淡的葡萄酒代替。

> • 豆蔻的特点就是有着清凉感的芳香，常作为咖喱饭的常用调味料使用。在北欧，它常用来代替肉桂，用于点心的制作。和水果非常搭配，能提升其清爽的口感。
> • 如果不太喜欢豆蔻香味，可使用豆蔻粉调节用量，当然不添加豆蔻也可以。

豆蔻的清凉感能让果酱的口感更加清爽

胡萝卜+橙子+豆蔻

巴伦西亚橙汁　柠檬汁

＋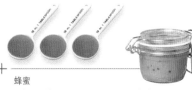

蜂蜜
3 大匙（约 63g）　　　　　完成分量：290g

胡萝卜……2 小根（净重 250g）
水……1¼ 杯（250mL）
巴伦西亚橙汁（其他橙子也可以）
……1/2 个分量（50mL）
柠檬汁……1/2 大匙（7.5mL）
豆蔻（只限种子）……5 粒

●事先准备：煮胡萝卜，做成果泥状（参照胡萝卜蜂蜜果酱的做法）。

1. 把巴伦西亚橙子用榨汁机榨取果汁。

2. 把步骤 1 的食材和果泥状的胡萝卜、蜂蜜、柠檬汁、豆蔻都放进小锅里搅拌，用中火煮。

3. 煮沸后换成小火，边煮边搅拌。

4. 煮 5 分钟后，关火。尝一下味道。根据个人喜好，可酌情添加蜂蜜。

5. 小火再煮 2 分钟。

南瓜

秋天的南瓜可用于各种料理中，还可用于制作点心，是非常实用的一种蔬菜。这里推荐使用南瓜制作果酱。南瓜加入鲜奶油，可做成甜点；加入蛋黄酱，则可做成搭配蔬菜食用的甜酱。

南瓜蜂蜜果酱

柠檬汁

南瓜……1/4 个（净重 280g）
水……3/4 杯（150mL）
柠檬汁……半小匙（2.5mL）
水……1⅓ 大匙（20mL）

+

蜂蜜
2 大匙略多（约 45g）

完成分量：290g

● 事先准备：煮南瓜，做成泥状：

①南瓜去掉绿色的表皮，切成厚 5mm 的片状。

②把步骤①的食材放入小锅里，加入 150mL 水后大火煮开。煮沸后再换小火煮 5 分钟（可用竹签扎一下看是否煮透）。

③步骤②的食材基本晾凉之后，连煮的汤水一起倒入搅拌机里，做成泥状。

1. 把泥状的南瓜、蜂蜜、20mL 水和柠檬汁都放进小锅里搅拌，盖子错开盖，用中火煮。煮 3 分钟后，换成小火，拿掉盖子，一边用木铲子搅拌，一边继续小火加热。

2. 煮 5 分钟后，关火，尝一下味道。根据个人喜好，可酌情添加蜂蜜。

3. 为了不粘住锅底，用小火再煮 1 分钟。边煮边搅拌，使水分蒸发。

甜口味葡萄酒的芳香搭配咸味奶酪，
有意想不到的口感

南瓜 + 核桃

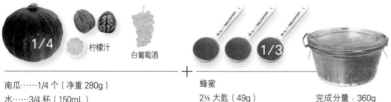

柠檬汁   白葡萄酒

南瓜……1/4 个（净重 280g）
水……3/4 杯（150mL）
白葡萄酒（尼加亚拉）……2⅔ 大匙（40mL）
柠檬汁……1/2 小匙（2.5mL）
生核桃仁……50g

+

蜂蜜
2⅓ 大匙（49g）

完成分量：360g

白葡萄酒可使用其他甜味酒代替。

● 事先准备 1：煮南瓜，做成泥状（参照南瓜蜂蜜果酱的做法）。

● 事先准备 2：在 180℃的烤箱中把生核桃仁烘烤 15 分钟，切碎。

1. 把泥状的南瓜、蜂蜜和白葡萄酒都放进小锅里搅拌，盖子错开盖，用中火煮。煮 3 分钟后，换成小火，拿掉盖子，一边用木铲子搅拌，一边继续小火加热。

2. 煮 5 分钟后，关火，尝一下味道。根据个人喜好，可酌情添加蜂蜜。

3. 为了不粘住锅底，用小火再煮 1 分钟。边煮边搅拌，使水分蒸发。

4. 关火，最后加入柠檬汁和切碎的核桃仁，搅拌。

- 南瓜自身的水分可使其变软，所以煮时不用放太多水。
- 加热时南瓜泥容易飞溅出，必须盖盖子。
- 晾凉之后再装进瓶子里。因为富含蛋白质分解酵素，所以果酱容易发酵。葡萄酒的酸味可使核桃仁慢慢变酸，不适合长期保存，宜尽早食用。

南瓜蜂蜜果酱

南瓜＋核桃

食用大黄

大黄可食用根茎。夏季、秋季各收获一次。5月下旬到7月下旬的夏季大黄富含水分，酸味浓。9月下旬到10月末的秋季大黄呈现红色，酸味适中。使用秋季大黄制作果酱时，要减少蜂蜜的用量。有时大黄的根茎红、绿色可能掺杂在一起，这时需要参考绿色大黄蜂蜜果酱的制作方法。

大黄（绿色）蜂蜜果酱

大黄（红色）蜂蜜果酱

大黄（绿色）蜂蜜果酱

肉桂粉
柠檬汁

白葡萄酒

1/4

+

蜂蜜
将近 1/4 杯（约 70g） 完成分量：360g

大黄（绿色）……净重 350g
白葡萄酒……4⅔ 大匙（70mL）
柠檬汁……1 小匙（5mL）
肉桂粉……0.5g

1. 大黄除去切口的黑色部分，不用去皮，直接切成边长 5 ~ 8mm 的块状。
2. 把步骤 1 的食材和蜂蜜、白葡萄酒、柠檬汁都放进小锅里搅拌，用中火煮。
3. 煮沸后换成小火，边煮边搅拌。
4. 煮 5 分钟后，关火，尝一下味道。根据个人喜好，可酌情添加蜂蜜。
5. 用小火再煮 2 分钟。
6. 关火，最后加入肉桂粉，搅拌。

大黄（红色）蜂蜜果酱

柠檬汁

+

1/4

大黄（红色，细一点）……净重 350g
水……4⅔ 大匙（70mL）
柠檬汁……2 小匙（10mL）

蜂蜜
将近 1/4 杯（约 70g）   完成分量：360g

1. 大黄除去切口的黑色部分，不用去皮，直接切成边长 1cm 的块状。粗一点的大黄直接切成边长 5 ~ 8mm 的块状。
2. 把所有食材都放进小锅里搅拌，用中火煮。
3. 煮沸后换成小火，边煮边搅拌。
4. 煮 5 分钟后，关火，尝一下味道。根据个人喜好，可酌情添加蜂蜜。
5. 用小火再煮 2 分钟。

有着馥郁香味的蓝莓搭配夏季大黄，堪称完美

大黄（红色）+蓝莓

柠檬汁

大黄（红色、细一点）……250g（净重）
蓝莓（新鲜、冷冻都可）……120g
水……3⅓ 大匙（70mL）
柠檬汁……1 小匙（5mL）

+

蜂蜜
3 大匙略多（约 65g）   完成分量：380g

1. 大黄除去切口的黑色部分，不用去皮，直接切成边长 1cm 的块状。
2. 把所有食材都放进小锅里搅拌，用中火煮。
3. 煮沸后换成小火，为了不煮糊，边煮边搅拌。去除上面的浮沫。
4. 煮 5 分钟后，关火，尝一下味道。根据个人喜好，可酌情添加蜂蜜。
5. 用小火再煮 2 分钟。边煮边搅拌。

红薯蜂蜜果酱

红薯+无籽儿小葡萄干

红薯

10月，迎来了红薯的收获季节。其中红心红薯食物纤维少，口感润滑，在日本，除了可以制作果酱，也可用于日式凉拌菜。加入肉桂、黄油，可做成点心食用。12月至翌年1月的冬红薯，因为储藏的原因，甜味会有所增加，所以制作果酱时蜂蜜用量可减少一点。

红薯蜂蜜果酱

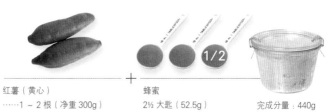

红薯（黄心）
……1 ~ 2 根（净重300g）
水……1⅖杯（280mL）

蜂蜜
2½ 大匙（52.5g）

完成分量：440g

● 事先准备：煮红薯，捣碎：

① 红薯去皮，切成边长1cm的块状。

② 把步骤①的食材放进小锅里，加入水，大火煮开。煮沸后换成小火煮7分钟（用竹签扎一下确认是否煮透）。

③ 把步骤②的红薯捣碎。有点小块也可以。

1. 把捣碎的红薯和蜂蜜都放进小锅里搅拌，盖上盖子，用中火煮。煮2分钟后错开盖子，用小火煮，至不飞溅时，打开盖子，用木铲搅拌加热。

2. 煮5分钟后，关火，尝一下味道。根据个人喜好，可酌情添加蜂蜜。

3. 用小火再煮1分钟。边煮边搅拌，使水分蒸发。

- 加热时酱容易飞溅出，必须盖盖子。
- 晾凉之后再装进瓶子里。因为富含蛋白质分解酵素，所以果酱容易发酵。不适合长期保存，宜尽早食用。

山葡萄做的无籽儿小葡萄干和红薯搭配起来，口感很不错

红薯 + 无籽儿小葡萄干

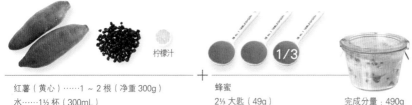

柠檬汁

红薯（黄心）……1 ~ 2 根（净重300g）
水……1½ 杯（300mL）
柠檬汁……1/2 小匙（2.5mL）
无籽儿小葡萄干……45g

蜂蜜
2⅓ 大匙（49g）

完成分量：490g

● 事先准备1：煮红薯，捣碎（参照红薯蜂蜜果酱的做法）。

● 事先准备2：把无籽儿小葡萄干放进小盆里，浇上热水，放置20 ~ 30秒，捞到竹篮里。

1. 把捣碎的红薯和蜂蜜、柠檬汁都放进小锅里搅拌，盖上盖子，用中火煮。煮2分钟后错开盖子，用小火煮，至不飞溅时，打开盖子，用木铲搅拌加热。

2. 煮5分钟后，关火，尝一下味道。根据个人喜好，可酌情添加蜂蜜。

3. 用小火再煮1分钟。用木铲子边煮边搅拌，使水分蒸发。

4. 关火，最后加入变软的无籽儿小葡萄干，搅拌。

- 无籽儿小葡萄干有油层外衣，浇上热水，不仅可以除油，还可以使其变软。

生姜蜂蜜果酱

生姜+2种苹果（秋映、红富士）

生姜

生姜和大蒜一样都是用来调味的蔬菜，从夏季到秋季一直都有。推荐使用新生姜做果酱，味道新鲜，略带辣味，还有富含水分的香味。可添加姜汁或姜粉控制甜味。当然也可使用四季存放的生姜，但是会比新生姜辣，可以根据个人喜好，多加点蜂蜜。

生姜蜂蜜果酱

 +

新生姜——净重 110g
水——3/4 杯略多（130mL）

蜂蜜
3/4 杯（95g）

完成分量：210g

1. 将新生姜红色的部分切掉后，切成薄片，放进搅拌机里打碎。没有搅拌机时，也可把纤维切断，然后磨碎。
2. 把所有的食材都放进小锅里搅拌，用中火煮。
3. 煮沸后，换成用小火煮。
4. 煮 6 分钟后，关火，尝一下味道。根据个人喜好，可酌情添加蜂蜜。
5. 用小火再煮 3 分钟。

2 种苹果搭配生姜，做出的水果口味果酱
呈现粉红色

生姜 + 2 种苹果（秋映、红富士）

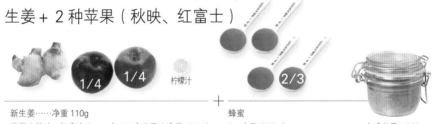

新生姜——净重 110g
苹果（秋映、红富士）——各 1/4 个分量（净重 100g）
水——半杯（110mL）
柠檬汁——2 小匙（10mL）

蜂蜜
3⅓ 大匙（77g）

完成分量：260g

1. 将新生姜红色的部分切掉后，切成薄片，放进搅拌机里打碎。没有搅拌机时，也可把纤维切断，然后磨碎。
2. 苹果连皮磨碎。
3. 把步骤 1、2 的食材和蜂蜜、水都放进小锅里搅拌，用中火煮。
4. 煮沸后，换成小火煮。
5. 煮 6 分钟后，关火，尝一下味道。根据个人喜好，可酌情添加蜂蜜。
6. 用小火再煮 3 分钟。
7. 关火，最后加入柠檬汁，搅拌。

KISETU NO KUDAMONO WO TUKATTE TUKURU
HATIMITSU CONFITURE
©YUMIKA ISOBE 2015
Originally published in Japan in 2015 by SEIBUNDO
SHINKOSHA PUBLISHING CO.,LTD.,TOKYO,
Chinese (Simplified Character only) translation rights
arranged with SEIBUNDO SHINKOSHA
PUBLISHING CO.,LTD., TOKYO, through TOHAN
CORPORATION，TOKYO

作者简介：
矶部由美香

　　曾经担任会员制配送食品公司的企划，专门负责有机蔬菜、水果和无添加食品的食用策划、设计。现在经营Tokotowa商店，专门出售使用各种食材的蜂蜜果酱。时常活跃在各种商业活动、宣传活动上。

备案号：豫著许可备字 −2015−A−00000494

图书在版编目（CIP）数据

　　一年四季都能做的法式蜂蜜果酱／（日）矶部由美香著；陈亚敏译 .—郑州：河南科学技术出版社，
2018.4

　　ISBN 978−7−5349−8690−1

　　Ⅰ.①一… 　Ⅱ.①矶… ②陈… 　Ⅲ.①果酱—制作 　Ⅳ.①TS255.43

　　中国版本图书馆CIP数据核字(2017)第083109号

出版发行：河南科学技术出版社
　　　　　地址：郑州市经五路66号　　邮编：450002
　　　　　电话：（0371）65737028　　65788613
　　　　　网址：www.hnstp.cn
策划编辑：刘　欣
责任编辑：张　培
责任校对：张小玲
封面设计：张　伟
责任印制：张艳芳
印　　刷：北京盛通印刷股份有限公司
经　　销：全国新华书店
幅面尺寸：170 mm×240 mm　　印张：9　字数：200千字
版　　次：2018年4月第1版　　2018年4月第1次印刷
定　　价：49.00元

如发现印、装质量问题，影响阅读，请与出版社联系并调换。